浙江大学“马克思主义理论和中国特色社会主义研究与建设”工程
中央高校基本科研业务费专项资金资助

Cross-Administrative Region Cooperation Towards a Beautiful China: Taking Zhejiang as a Sample

跨行政区域协作共建美丽中国的浙江样本

崔 浩 著

图书在版编目(CIP)数据

跨行政区域协作共建美丽中国的浙江样本 /崔浩著. —杭州：浙江大学出版社，2018.12
ISBN 978-7-308-18888-3

Ⅰ.①跨…　Ⅱ.①崔…　Ⅲ.①生态环境建设—研究—浙江　②区域经济合作—研究—浙江　Ⅳ.①X321.255 ②F127.55

中国版本图书馆 CIP 数据核字(2018)第 302480 号

跨行政区域协作共建美丽中国的浙江样本

崔　浩　著

责任编辑　陈思佳
责任校对　杨利军　严　莹
封面设计　春天书装
出版发行　浙江大学出版社
(杭州市天目山路 148 号　邮政编码 310007)
(网址：http://www.zjupress.com)
排　　版　浙江时代出版服务有限公司
印　　刷　绍兴市越生彩印有限公司
开　　本　710mm×1000mm　1/16
印　　张　12.25
字　　数　202 千
版 印 次　2018 年 12 月第 1 版　2018 年 12 月第 1 次印刷
书　　号　ISBN 978-7-308-18888-3
定　　价　39.00 元

创新思想理论，迎接中华民族伟大复兴

余逊达

马克思主义是中国共产党的指导思想，也是中国宪法确认的国家的指导思想。作为一种科学理论，马克思主义最显著的特点在于它不但强调认识世界，而且强调改造世界。在当今的中国，人们认识世界和改造世界所面对的一项最重要的任务，就是通过不断深化改革和发展，实现中华民族的伟大复兴，同时推动整个人类社会的不断进步。中华民族在社会主义制度下的伟大复兴，既是全体中国人在可以预见的时间内对人类文明发展所做出的最大贡献，也是马克思主义本身在可以预见的时间内对世界历史发展所做出的最大贡献。

古代中国曾经在文明发展上长期处于世界先进的位置。十五世纪末十六世纪初，西方文明兴起，中国则在封闭状态下逐渐失去活力，直至 1840 年鸦片战争后在世界发展进程中被边缘化。但是中国人并未放弃，经过几代人不懈奋斗，中国又重新站立起来，开始在世界舞台上赢得新的尊重。

1949 年中华人民共和国的成立，是中国摆脱半殖民地半封建的处境，在政治上自立于世界民族之林的标志。此后，经过长期的艰苦努力，特别是改革开放以来的努力，中国实现了经济上的飞跃。现在，中国在国民生产总值、制造业、货物贸易、对外投资等领域，都处于世界领先行列。尽管人均国民生产总值还严重落后于发达国家，经济发展在结构、质量等方面也存在不少问题，然而已经取得的成绩仍使我们有理由、有信心说，只要不犯根本性错误，不出现不可抗力量，中国经济发展水平赶上发达国家是一件完全可以期待的事情。也就是说，中国的一只脚已经迈进了民族复兴的大门。

但是，生产力发展不是民族复兴的全部内容。一个民族要想走在世界发展的前列，除了生产力发展必须走在世界前列，它的政治制度、文化发展、社会建设和理论思维等也必须走在世界前列。人是在思想指导下行动的，人的思想的内涵决定了人的行动的内涵，在这个意义上可以说，理论思维能力及其追求对一个民族的发展具有决定性作用。近代以来西方国家在世界上的兴起，就是与西方在理论思维上的发展相伴而行的；而中国的衰败，则与中国在思想上的封闭、僵化、落后内在地关联在一起。思想解放和理论创新，是五四运动后现代中国奋起的先声，也是1978年中国改革开放方针政策的制定与执行的思想前提和基础。中国要继续前进，同样离不开思想解放和理论创新。特别是当前，在全球化和科学技术日新月异的带动下，人类社会的发展方式、组织方式、生活方式、治理方式都出现前所未有的大转型，包括中国在内，世界上的一切都在调整，都在变化，都在重构，需要我们用新的眼光去看待它，理解它，应对它，并在新的思想指导下把这场大转型导入能造福全人类的轨道。在这样的历史时刻，理论思维的作用尤其重要。对中国来说，没有在思想理论创新和建设上取得世界公认的进步和繁荣，中华民族的复兴是不完整的，也是难以持续的。

思想理论建设是一项系统工程，包含着非常丰富的内容。在中国特定的国情下，思想理论建设中的一项核心工作，是马克思主义理论的建设。中国共产党作为中国的执政党，一直高度重视马克思主义理论建设。党把马克思主义和中国实践及时代特征结合起来，经过反复探索并集中各方智慧，形成了中国特色社会主义理论体系。这一理论体系回答了发展道路、发展阶段、根本任务、发展动力、外部条件、政治保证、战略步骤、领导力量和依靠力量、国家统一的方式等一系列与建设中国特色社会主义相关的重大问题。按照这个理论，党确立了社会主义初级阶段的基本路线和基本纲领，并进一步提出了“三个代表”重要思想和科学发展观。习近平就任党的总书记以来，就“中国梦”和价值观、文化自信、全面建成小康社会的战略布局、全面深化改革的总目标与总体安排、全面依法治国、全面从严治党、经济发展新常态、协商民主、社会治理、城市治理、生态文明建设、腐败倡廉、军事变革、统筹国际国内两个大局、建设开放型经济新体制、建设新型大国关系、“一带一路”建设、总体安全观、体系绩效等问题，提出了一系列新的重要思想，对中国特色社会主义理论做出新的发展和创造。上述思想和理论的提出与确立，反映了党在思想理论建设上所做出的巨大努力和已经取得的巨大成效。正是在这些思想和理论的指导下，改革开放以来中国在经济、政治、社会、文化、生态和党的建设等各个方面都取得了历史性成就。

马克思主义是一个开放的系统。作为马克思主义和中国实践及时代特征相结合的产物，中国特色社会主义理论体系同样是一个开放的系统，它并未穷尽人们对中国社会、外部世界、人类自身及社会主义发展规律、共产党建设规律等问题的认识，更未封闭人们通向新的真理的道路。事实上，中国特色社会主义理论体系的效用不仅在于它能指导人们从事社会主义建设的实践，还在于它能指导人们根据实践和环境、条件的变化，去进行新的探讨，形成新的认识。我们今天所处的世界，仍然是一个充满矛盾的世界；摆在中国和世界面前等待回答的问题，仍然为数众多；把已经形成的正确的思想和理论成功地付诸实践，也远非触手可及之事。所有这一切都说明，进一步加强思想理论建设，仍然是一项意义深远的任务。

历史经验告诉我们，思想理论建设是一种只有依靠集体努力才能成功的公共事业。浙江大学作为一所以建成世界一流大学为目标的大学，对加强思想理论建设肩负着不可推卸的责任。为了有效履行这一重要责任，在学校领导的支持指导下，浙江大学社会科学研究院设立了"马克思主义理论和中国特色社会主义研究与建设工程"（简称"马工程"）。这一工程以促进中国和世界的进步为关怀，以理论和实际的结合为构架，重点放在当代问题的探讨，同时兼及经典著作的研究，鼓励思想理论创新，发前人之未发，成一家之言。"马工程"设立后，人文社科类教师反响热烈，也激起部分理工农医类教师研究兴趣；不仅一批充满朝气的青年学者踊跃参与，而且一些学富五车的资深教授也积极参与。几年下来，"马工程"已经设立了几十个研究计划，将出版一系列有水平、有创意的著作和研究报告。这些著作和研究报告，凝聚了作者的心血，体现了他们对中国与世界面对的问题的深入思考。我们相信，它们的出版，能够给思考同样问题的读者以启示，也能够给处理实际问题的读者以智慧。随着新的成果的不断出版，浙江大学的"马工程"最终将不负使命，在推动中国的思想理论建设走向世界前列、促进中华民族伟大复兴方面，做出自己应有的贡献。

前　　言

建设美丽中国是执政党对人民追求美好生活的庄严承诺，是“五位一体”战略布局的重要内容构成，是改善民生和创造幸福生活的时代要求，是全面建设小康社会的必然选择，是中华民族可持续发展的迫切需要。

“美丽中国”有着特定的内涵和丰富的实践内容。“美丽中国”指的是生态文明的自然之美、科学发展的和谐之美、温暖感人的人文之美，其旨意是实现人与自然、人与环境、人与社会、人与人的和谐发展和科学发展。美丽中国是生态文明建设追求的目标，转变生产方式、保护生态环境、提升生活质量、优化人文环境是建设美丽中国的关键内容，也是建设美丽中国的基础。

生态文明是生态环境整体意义的文明，生态环境治理不仅需要一定行政区域内的政府、企业和社会公众的共同努力，而且需要跨行政区域的共同一致行动。跨行政区域协作共建美丽中国必须解决跨行政区域生态环境污染问题，地方政府在面对跨行政区域生态环境污染时必须从“分界而治”走向协作治理，健全生态环境协作治理的良性运行机制，建立信息共享机制、利益共享机制、激励评价机制、行为约束机制、政策协调机制和协商沟通机制，建立促进区域合作的生态补偿机制，本着互惠互利原则商议解决生态利益补偿问题，同时建立流域跨界府际协作治理协调机制，解决流域跨界水生态环境污染问题。

“八八战略”是浙江省结合自身发展实际而打造的科学发展战略。“八八战略”为浙江发展前行指明了方向，为浙江生态文明建设进行了总布局，为深化美丽浙江建设提供了具体依据遵循。浙江大力发展生态经济，加快产业转型升级，构建节约资源和保护环境的空间格局、产业结构、生产方式、生活方式，建设“绿色浙江”、“生态浙江”、“美丽浙江”，确保浙江生态文明建设的主要指标和各项工作走在全国前列，确保人民生活更加安居和谐，确保浙江成为全国生态文明示范区和美丽中国先行区。

省域内不同行政区域之间在多个领域存在着竞争与合作的态势，在省域内不同行政区域之间开展生态环境协作治理十分必要。浙江根据省域内生态、环境、资源的具体状况和条件确定产业布局及发展方向，优化省域内产业布局，调整产业结构，促进产业转型升级。浙江从实际出发，统筹考虑陆域生态环境和海洋生态环境，把污染防治、生态保护和生态环境建设结合起来，推进省域内跨行政区域生态环境功能区建设。在钱塘江流域水污染治理过程中，流域内各地方政府积极协作，采取有效的治理措施，取得了显著治理成效，为府际协作治理跨流域水污染提供了丰富经验。

浙皖两省在新安江流域建立横向生态补偿机制，为浙皖两省协作保护新安江流域水环境提供了有力保障。江浙两省在太湖水环境协作治理中建立太湖水污染防控与纠纷解决机制，形成了完善的环太湖水环境治理模式。长三角区域联防联控大气污染取得了初步成效，健全区域联防联控的体制机制，加强区域内各地方的联动协作，建立有效的协作防控机制。

“五水共治”是全面深化美丽浙江建设的新举措，是浙江省结合自身发展实际提出的全面治水目标与思路。浙江省“五水共治”目标明确具体，推进机制健全，充分发挥政府、企业、社会组织等的强大合力与动力，取得了显著成效。

CONTENTS
目 录

第一章　跨行政区域协作共建美丽中国的基本内容

建设美丽中国不仅是当代中国人的美好梦想，更是脚踏实地的实际行动。“美丽中国”在当下中国的语境中有着特定内涵和丰富的实践内容，跨行政区域协作共建使得“美丽中国”更加清晰可见。

第一节　跨行政区域协作共建美丽中国的内涵

“美丽中国”这一概念是胡锦涛同志在党的十八大报告《坚定不移沿着中国特色社会主义道路前进为全面建成小康社会而奋斗》中正式提出来的，党的十八届五中全会把“美丽中国”纳入“十三五”规划。面对资源约束趋紧、环境污染严重、生态系统退化的严峻形势，报告要求人们树立尊重自然、顺应自然、保护自然的生态文明理念，“把生态文明建设放在突出地位，融入经济建设、政治建设、文化建设、社会建设各方面和全过程，努力建设美丽中国，实现中华民族永续发展”[①]。党的十八届五中全会提出要“坚持绿色发展，必须坚持节约资源和保护环境的基本国策，坚持可持续发展，坚定走生产发展、生活富裕、生态良好的文明发展道路，加快建设资源节约型、环境友好型社会，形成人与自然和谐发展现代化建设新格局，推进美丽中国建设，为全球生态安全做出新贡献”[②]。建设美丽中国是执政党对人民追求美好

① 胡锦涛：《坚定不移沿着中国特色社会主义道路前进　为全面建成小康社会而奋斗》，《人民日报》2012 年 11 月 9 日第 4 版。

② 《中国共产党第十八届中央委员会第五次全体会议公报》，http://news.xinhuanet.com/fortune/2015－10/29/c_1116983078.htm。

生活的庄严承诺，是为实现中华民族永续发展提出的郑重宣言。“努力建设美丽中国”不仅仅是亿万人民的美好期待，更是国土区域范围内城乡之间、地区之间全体国民的自觉行动、一致行动。

“美丽中国”是一个集合概念和动态概念，是绿色经济、和谐社会、幸福生活、健康生态的总称，是可持续发展、绿色发展和低碳发展在中国的具体实践和真实体现，是对保护地球生态健康和建设美丽地球的智慧贡献。建设美丽中国是新时期中国发展的重大战略布局，是改善民生、创造幸福生活的时代要求，是全面建设小康社会的必然选择，是中华民族可持续发展的迫切需要。

“美丽中国”指的是生态文明的自然之美、科学发展的和谐之美、温暖感人的人文之美，旨在实现人与自然、人与环境、人与社会、人与人的和谐发展和科学发展，包含了经济建设、政治建设、文化建设、社会建设、生态文明建设“五位一体”，包含了促进现代化建设各方面相协调，促进生产关系与生产力、经济基础与上层建筑相协调的生产发展、生活富裕、生态良好的文明发展进程和成果。“美丽中国”凸显执政党执政理念更加尊重自然和人们的愿望，更加注重人与自然、人与环境、人与社会、人与人的和谐发展。

良好的生态环境是美丽中国的基础和保障。生态文明强调人类在处理与自然关系时所达到的文明程度，重点在于协调人与自然的关系，核心是实现人与自然和谐相处、协调发展。建设美丽中国，首先要有良好的生态环境，要有自然之美，这是基础和前提。只有加强生态文明建设，使公民在一个良好的自然生态环境中和谐相处，人们才能增强对建设美丽中国的认同和信心，才能推动建成社会主义和谐社会。因此，建设美丽中国必须重视人与自然和谐相处，必须把建设生态文明放在突出位置。

推进生态文明建设是中国发展的战略选择，是实现美丽中国的必然途径。生态文明建设是一项复杂艰巨的、全新的系统工程和整体性推进工程。以往我国的生态环境治理通常是以行政区划为单位进行治理，着力解决区域范围的生态环境问题，对跨行政区域的生态环境协作治理重视不够，环境治理的整体效果令人担忧。生态文明是生态环境整体意义的文明，生态环境治理不仅需要一定行政区域内的政府、企业和社会公众的共同努力，而且需要跨行政区域、跨流域的一致行动。

一、跨行政区域协作共建美丽中国的背景

可持续发展是世界各国特别是发展中国家在经济转型过程中必须充分重视和积极应对的课题。随着经济全球化进程的推进，工业化水平的提高特别是交通运输方式的改善，环境污染问题逐步在全球范围内扩展，其危害已经对全球构成威胁。发达国家在工业化过程中，也遭受了工业发展对其生态环境产生的破坏。20 世纪 80 年代以来，以计算机技术和网络信息技术为核心的现代科技革命加速了经济全球化的进程，世界经济、政治、文化、教育等方面的交流日益频繁，人们的生活方式和交往方式发生了巨大变化，生态环境问题成为全球性的公共问题，环境资源问题成为人类面临的共同问题。为推进经济可持续发展、应对全球气候变暖和环境污染，国际组织、主要国家的政府都在进行适应性转变，进行多层次、多领域、多形式的跨国界、跨区域的环境合作治理。解决环境问题需要世界各国人民和政府的通力合作与共同努力，发达国家不可能再通过把环境污染转移到发展中国家的方式来实现自身环境的优化，发展中国家不应该以牺牲环境为代价来实现经济增长。环境污染危害的全球性要求各国政府成为共同责任主体，全人类都有义务为优化地球环境付出努力。

中国自 20 世纪 80 年代实行对外开放的基本国策以来，形成了全方位、多层次和宽领域的对外开放格局，与世界的联系越来越紧密，受世界经济政治形势的影响程度越来越深。同时，伴随国内经济市场化和社会开放化程度的加深，行政区划的区域概念和区域边界越来越模糊，跨行政区域之间的竞争与合作并存。行政区域之间基于经济发展、资源开发、产业投资、交通物流、劳动力转移等要素的共融式发展和基于环境保护、社会安全、公共设施建设等公共治理内容的共享共治建设而形成了紧密的融聚型、融合型跨行政区域的一体化区域，如长三角区域、京津冀一体化区域、珠三角区域，等等。一方面，地区之间相互合作、学习借鉴，以谋求本行政区在经济发展中能够居于优先地位，从而增强了区域发展的动力和活力；另一方面，经济发展中“各显神通”的地方保护主义等恶性竞争行为层出不穷，恶化了区域经济发展环境和生态环境。规范跨行政区域间的经济竞争行为和资源争夺行为，促进跨行政区域间的协作共赢发展，是实现科学发展和可持续发展需要解决的问题。

随着市场化改革进程的不断深化，市场机制在资源配置中的决定作用日益显现，市场主体为实现自身利益的最大化而展开激烈竞争，成为推动市场经济发展的活力和动力源泉。然而，市场经济与生俱来的缺陷使得仅仅依赖市场机制无法解决跨区域的公共性生态环境问题，无法营造良好的生态环境和为公众提供良好的公共服务，公共性生态环境问题必须充分发挥政府的宏观调控作用，通过区域之间政府的协同治理加以解决。同时，随着人们生活水平的提高，人民对生态环境质量的要求越来越高。在经济跨区域共融发展的同时，人们越来越重视跨行政区域的生态环境保护治理问题。然而，地方政府在竞争性发展的过程中，为了实现本地区利益的最大化，面对跨行政区域、跨流域的生态环境问题存在着"搭便车"的心理，普遍存在跨区域生态环境保护治理措施不力、不积极、不主动、不作为等现象。更有甚者，为了保护本地区的竞争优势而忽视其他地区的生态环境利益，对公共环境资源进行掠夺性开发，造成跨区域跨流域的生态环境破坏。在公共环境资源的供给和消费中，过度开发利用环境资源，远远超出了环境资源的承载力，导致企业利益与社会公共利益在生态环境资源分配上的冲突，出现了生态环境保护和资源开发利用的"公地悲剧"。

我国城镇化的迅速发展使得跨行政区域的公共事务越来越多，且日趋复杂。改革开放之前，除大城市之外我国城市规模总体较小，社会人员流动性水平较低，地区事务比较简单，主要以地区"内部性"的公共事务为主，跨行政区域的公共事务主要涉及生产资料调配、水利工程、道路工程等基础设施建设；一些公共事务当需要由不同行政区域的政府进行跨区域处理时，通常由上一级政府出面加以协调，跨区域公共事务的解决方式具有显著的"内部化"特征，不同区域主动的外部合作和参与解决则很少见。随着工业化进程的快速推进和城镇化的迅速发展，新兴城市崛起，城市规模扩大，小城镇日益繁华，物流信息流加快，人口流动频繁，加上跨区域跨流域的环境污染加剧，生态破坏严重，这些变化一方面使得跨区域的公共事务和生态环境保护问题具有复杂性、广泛性和突发性，地方政府处理这些问题的难度加大、成本增加；另一方面，随着市场机制在资源配置中作用的凸显，生产要素的自由流动使得行政区域的有形边界变得模糊不清，原本为"内部"的公共事务，逐渐扩散出封闭的区域，成为跨区域层面的更复杂的问题。因此，对跨区域生态环境资源开发、跨流域环境治理、突发的公共环境事件等问题，需要跨行政区域政府协同治理加以解决。

在改革过程中形成的财税分权体制和以GDP为中心的经济增长模式，促使地方政府自主发展意识和自主权力增强，地方政府与中央政府的公共事务治理由计划经济时代的直接行政命令解决转变为通过谈判协作解决，地方政府之间由地区分块治理转向通过利益博弈进行合作解决。“如果说纵向地方政府间关系主要是具有政治与行政意义的话，那么横向的地方政府间关系主要具有经济意义。”[①]地方政府的跨行政区域生态环境合作治理也主要是出于经济利益的目的，尽管这种合作在客观上能够一定程度地修补地方政府之间经济发展竞争的偏差，促进府际生态环境合作治理的体制机制创新，但形成府际横向协同发展的“共赢”模式仍有很长的路需要探索。

二、跨行政区域协作共建美丽中国的动因

1.跨行政区域经济协调发展的客观需要

经济发展与生态环境是密切联系的整体，当一个国家经济发展水平较低时，环境污染程度较轻，随着经济增长，环境污染程度加剧；当经济发展达到一定水平时，环境污染的程度逐渐减轻，环境质量逐渐得到改善。经济发展为环境保护提供物质基础，可以促进社会效益和生态效益的实现；环境保护则是促进经济社会可持续发展、社会生产生活改善的保证。良好的自然生态环境是经济增长和经济社会可持续发展的基本保证。

随着中国经济的高速发展，自然资源需求量随之增加，经济进一步发展所面临的资源环境压力和生态安全压力加大，依靠大量消耗资源支撑的经济增长，不仅使资源供需矛盾更加突出，也制约了经济增长质量和经济效益的进一步提高。以牺牲环境和消耗资源为代价的单纯的GDP增长，虽然换取了一定时期的经济高速增长，但为经济的长远发展留下了隐患。盲目追求非绿色GDP的后果，已经威胁到人们的基本生存环境条件，经济社会发展面临着严峻的人口、资源和环境的压力。我国人口规模庞大，自然资源人

① 林尚立：《国内政府间关系》，杭州：浙江人民出版社，1998年，第24页。

均拥有量低[①],经济规模体量大,2017 年国内生产总值达到 827122 亿元[②],进一步的经济发展需要消耗更多的资源和能源。改革开放以来中国经济年均增长率高达 9.9%,中国经济保持了较长时期持续的高速增长;同时,中国经济增长呈现出高投入、高耗能、高污染和低效率的粗放型特征,高速的经济增长在很大程度上建立在消耗大量资源的基础上,特别是重化工业的加速发展,消耗了大量的资源并导致严重的环境污染与生态破坏,资源的支撑力和环境的承载力受到极大的威胁与挑战。改革开放以来,我国的 GDP 增长了 10 多倍,但矿产资源消耗却增长了 40 多倍。单位 GDP 耗能比发达国家平均高 47%,产生的污染是发达国家的几十倍[③],资源环境问题已经成为制约中国经济可持续增长并且亟须解决的问题。转变经济增长方式关键在于构建资源节约与环境友好的生产方式,实现经济"绿色增长"。因此,建设美丽中国,保护生态环境,建立资源节约型与环境友好型生产方式,实现人与自然、人与环境的和谐发展,是我国经济社会发展的必然选择。为了实现环境资源的可持续发展,要求政府、企业、社会公众等所有环境资源使用者与环境资源管理者之间、同一地区不同部门之间、不同地区行政区域之间在生态环境的保护以及资源的综合利用方面加强协同合作。

---

① 中国的自然资源总量大,种类多,这是优势,也是综合国力的重要体现。中国素以"地大、物博、人众"自豪。就自然资源的赋存总量来说,中国有不少资源居于世界前列,是资源的富国。但由于人口众多,如以人均占有资源量这一指标来衡量,则中国自然资源人均拥有量低。例如:中国人均土地 0.7 公顷,只有世界人均土地 2.4 公顷的 29%;中国人均耕地面积 0.11 公顷,只有世界人均 0.25 公顷的 44%;中国人均草地 0.34 公顷,只有世界人均 0.65 公顷的 53%;中国人均林地 0.11 公顷,只有世界人均 0.71 公顷的 15%;中国人均淡水资源量只相当世界人均的 1/4;人均能源量只相当世界人均的 1/3。因而,相对来说,中国又是资源的贫国。随着人口的增长,中国人均资源量这一指标还在不断下降。从矿产资源赋存的总体规模来看,中国是世界上仅次于俄罗斯和美国的矿产大国。其 40 多种主要矿产的可比探明储量的价值约占世界总价值量的 10%,位居世界第 3 位。但就人均占有矿产储量潜在总值 1.51 亿美元而论,中国不及世界平均水平的 2/3,位居世界第 53 位(参见云中雪:《自然资源丰富而人均拥有量低》,http://www.dljs.net/dlsk/7676_3.html)。

② 国家统计局:《中华人民共和国 2017 年国民经济和社会发展统计公报》,http://www.stats.gov.cn/tjsj/zxfb/201802/t20180229_1585631.html。

③ 王恒涛:《接连出手勒不住污染缰绳》,《瞭望》2007 年第 48 期。

"中国经济地理变迁面临着历史上最大的生态环境挑战。"[①]经过改革开放之后多年的发展,我国已经初步形成区域经济协调发展的格局,跨行政区域的经济合作日益紧密,经济交往频繁。与此同时,区域经济合作的增强使得跨界污染问题日益加重,跨行政区环境污染影响逐渐凸显,经济发展带来的环境压力已经成为区域经济发展所面临的共同瓶颈。生态环境的整体性和客观上的不可分割,要求加强区域经济发展与生态环境保护的合作,要求在国家内部不同地区之间重新审视经济利益与生态环境利益的冲突,在区域经济紧密合作的基础上开展生态环境合作治理保护,实现广泛的技术、资金和环境信息交流与合作。因此,跨区域经济合作框架中必须纳入环境合作的内容,使区域经济、产业、交通、服务与跨行政区域的生态环境保护等各领域的合作相互衔接,构成跨行政区域不同地区间的协调发展。以区域经济一体化为契机,加速生态环境管理方式上的升级是经济一体化对生态环境管理的内在要求。自然环境具有区域连接性,受大气污染、河流污染损害的范围不可能完全与某一行政区域重合。此时,生态环境保护往往需要不同行政区域之间的合作,需要上级人民政府在保护跨行政区域生态环境中发挥协调作用。开展与区域经济合作相适应的区域生态环境治理合作,有利于构建环境资源共享的互利格局,提高跨行政区域生态环境治理的水平,有益于推动不同区域产业结构调整和经济增长方式的转变。因此,将跨行政区域经济发展与生态环境保护结合起来成为实现跨区域经济与环境的协调发展和可持续发展的关键。

2.跨行政区域生态环境整体利益最优化的现实需要

生态环境具有整体性强、关联度高的特点,行政区域的划分无法分割生态环境的整体性。跨行政区域生态环境保护是一个整体,涉及不同行政区域地方政府的合作、同一地区多个政府部门之间的合作,甚至是整个社会的合作。生态环境的系统问题并不是一级地方政府或是一个部门就可以独自解决的,生态环境保护中的跨行政区域之间、跨部门之间的有效协作十分必要。然而,生态环境资源效益的外溢性使得理性的地方政府很难自觉走向协作保护,一个理性的"经济人"只要不被排斥在分享由他人努力所带来的

---

① 世界银行:《2009年世界发展报告:重塑世界经济地理》,北京:清华大学出版社,2009年。

利益之外就有可能产生"搭便车"行为。自然环境是没有明确界定产权的公共资源,不同区域、不同部门的政府都会展开对这些公共资源的争夺。区域自然环境资源的产权在一般情况下难以度量和分割,区域内的企业、社会公众都有权使用,但过度使用的后果却由社会承担。环境问题的实质是私人生产的外部成本由社会承担。对区域内而言,环境问题是经济利益的极端化和偏狭化的结果,是经济利益与环境利益冲突的结果,是在经济利益与环境利益衡平过程中出现的衡平失当。从跨区域来看,环境污染和环境破坏产生的危害后果具有时滞性,环境污染物具有漂移、累积、长期性等特点,因而环境污染影响具有时空差,相邻区域的自然环境资源的开发利用权利与保护义务的分配很少考虑自然环境的跨区域价值。这些因素导致了环境资源的使用者为寻求自身利用自然资源的利益最大化,往往忽略跨区域整体环境利益的协调,导致跨行政区域生态环境的"公地悲剧"。因此,建设美丽中国要求树立跨行政区域的整体性生态环境效益理念。既要重视生态环境的区域内使用价值和经济效益,重视其内在价值和环境效益,也要重视区域内与区域外的经济效益、社会效益和环境效益的统一,实现跨行政区域的整体效益的最大化。既要考虑经济活动的内部效益,也要考虑经济活动的外部效益,扩大经济活动对生态环境保护的正外部效益,减少负外部效益。"公共行政中许多问题不能完全分割成小块分别交给不同的部门去处理,必然涉及跨机构之间的协作。"[①]解决跨行政区环境污染问题需要通过各相关地方协调、协同、整合解决,需要通过严格的生态环境保护制度来规范地方政府间的策略性行动,实现跨行政区域的生态环境整体利益最大化。

3.实现跨行政区域生态环境公平的需要

环境公平是指"不同人群之间有关环境风险的分配以及对这些分配的政策反应"[②]。国内有学者认为:"环境公平实际上有两层含义,第一层是指所有人都应享受清洁环境而不遭受不利环境伤害的权利,第二层含义是指

① 张紧跟:《当代中国地方政府间横向关系协调研究》,北京:中国社会科学出版社,2006年,第127页。

② Liu Feng, *Environmental Justice Analysis: Theories, Methods and Practice*, Lewis Publishers, 2001, p.11.

环境破坏的责任应与环境保护的义务相对称。”①环境公平强调环境法律和环境政策在实体内容上对环境权益分配的平等，以及实践中的环境使用权利与环境保护义务的对等，它体现在环境利益与环境负担的公平分配，要求“谁污染谁治理”，公平保护公民的环境利益，让每一个公民和群体均能享受到环境保护的成果；体现在环境利用保护中权利与义务的一致，要求“谁受益谁买单”，每个公民和群体均享有平等的环境权并承担一定的环境义务；体现在环境经济效益与社会效益、环境责任的统一，要求“谁使用谁付费”，使环境价值真正体现公正性。以可持续发展为目标的人与自然和谐的环境公平包括了环境的代内公平、代际公平和生存公平。跨行政区域生态环境公平是我国国内一定区域和空间范围的环境公平，强调我国国内当代人之间在自然环境利益分配上的公平，解决我国国内跨行政区域环境不公现象引起的环境恶化、生态危机问题。在当下中国，由于不同区域、不同地区的经济社会发展不平衡，不同区域、不同地区、不同群体间有着不同的环境利益需求。在一些区域，环境利益是一项紧迫的需求，而在另一些区域，经济利益可能成为一项紧迫的需求。因此，“要求在环境利益上的绝对公平，可能会违背民主原则和紧迫性需求优先原则”②。实现跨行政区域生态环境公平，一方面在环境保护的制度安排和政策设计上要体现不同区域的经济利益与环境利益的公平、环境利益与环境责任的公平、环境保护成果的公平分享，另一方面，要防止各种形式的跨区域“污染转移”，防止“与邻为壑”式的经济发展方式，防止将环境污染后果转嫁给相邻地区和河流湖泊下游地区，防止将城市污染转移到农村地区。

4. 实现跨行政区域生态环境安全的需要

“环境安全从本质上看是一种状态，是人们持续稳定地利用生态环境的同时，又使人类发展赖以依存的生态环境基础不遭受毁灭性破坏的状态。”③人是影响环境安全的主要因素，人类不正当的处理其与自然环境之间的关系而引起的生态环境失衡是影响环境安全的主要原因。环境安全问题的存在是自工业文明至今人类征服自然活动非理性扩张和恶性膨胀的后

① 洪大用：《环境公平：环境问题的社会学观点》，《浙江学刊》2001年第4期。
② 晋海：《城乡环境正义的追求与实现》，北京：中国方正出版社，2008年，第101页。
③ 陈德敏：《环境法原理专论》，北京：法律出版社，2008年，第15页。

果。环境安全在整个国家安全体系中处于举足轻重的地位，社会安全、政治安全和军事安全是国家安全的核心，它们都建立在经济安全和环境安全的基础上。环境安全在一定意义上是经济安全的基础，环境安全透过经济安全对建立于其上的其他安全因素产生作用，并且“与其他安全问题相比，环境安全不仅具有整体性、不可逆性、长期性和全球性特点，而且更具有人类社会与自然界互为依托生存的意义”①。因而，保护环境安全要求人类利用自然环境的活动时考虑人类的整体利益和长远利益，尊重自然环境价值和其他生命存在。环境安全是人类利益的依靠，但同时人类利益的膨胀存在破坏环境安全的可能性，保护环境安全与满足人类的自然环境利益需求一直处于矛盾的状态。保证生态环境处于良好的和不受不可恢复的破坏的状态、防止生态环境质量恶化和自然资源减少、提升可持续发展的环境支撑能力，是全人类的共同任务。生态系统的整体性使得任何局部性环境破坏都有可能引发全局性的灾难，甚至危及整个国家和民族的存亡。一些小范围、局部性的环境问题如果不能及时解决就有可能逐渐蔓延扩大成为大范围、跨区域甚至全国性的环境问题，如大气环境污染问题。全球性环境安全问题需要世界各国基于广泛的共同利益一起应对，温室效应、臭氧层破坏、全球气候变化等问题需要全球共同治理。在一国之内，一个区域的生态环境灾难有可能会危及相邻地区，生态危机的成本具有外溢性，在生态环境安全上不同行政区域的民众是休戚相关的。因此，共同治理环境污染、确保跨行政区域的生态环境安全是确保经济安全、社会安全乃至整个国家安全的重要基础。

环境保护是政府的重要职能之一，为社会提供清洁、健康的环境是每一层级的政府不可推卸的责任。随着跨行政区环境污染事件增多，社会公共事务治理的跨区域性和跨部门性使得政府间关系变得越来越重要。以行政区划为边界的管理方式捉襟见肘，地方政府间通过怎样的形式和措施组成“环保联盟”共同治理跨区域环境问题，已经成为必须解决的现实问题。在现有行政管理体制下，需要不同行政区划内的地方政府间紧密合作，通过理念、结构、机制和技术等方面的协调促进地方政府间的协作，协同解决跨行政区域的环境问题。

---

① 陈德敏:《环境法原理专论》,北京:法律出版社,2008年,第16页。

三、跨行政区域协作共建美丽中国的主要内容

“美丽中国”是生态文明建设追求的目标，其基本内容是在中华人民共和国国土区域范围内形成人与自然、人与社会、人与人之间的和谐关系，建成具有生活环境之美、生态环境之美、人文环境之美、社会环境之美的中国。在建设美丽中国过程中，转变生产方式、保护生态环境、提升生活质量、优化人文环境是关键内容，是实现人与自然和谐、建成美丽中国的基础。

1.发展生态经济

建设美丽中国首先要发展生态经济，实现产业生态化——产业经济发展不以生态破坏和环境污染为代价，在生产过程中提倡资源节约和节能减排，扭转高投入、高产出、高耗能、高污染的发展模式，发展绿色经济、循环经济、低碳经济，形成资源节约型和环境友好型的产业结构和发展方式，给消费者提供生态安全的产品。发展生态经济，一方面要淘汰落后产能，淘汰传统高污染高能耗产业，调整经济结构，转变发展方式，推动产业转型升级，走绿色发展和循环发展之路，另一方面要在第一产业、第二产业发展的基础上，大力发展第三产业，同时要积极发展新兴产业，走技术创新与文化创新之路。

2.形成绿色生活方式和消费方式

人们的生活消费活动与生产活动一样，都与自然界紧密相连，生产活动是利用自然资源和各种生产要素来生产物质财富，而生活消费活动则是消耗消费各种资源并向自然界排放废弃物。由于人们的需求无限而满足人们生活消费需求的资源则是有限的，所以倡导文明、节约、绿色、低碳、循环、适度的消费理念，逐步形成与我国国情相适应的绿色生活方式和消费模式，树立环境友好型和资源节约型的生活消费观念是美丽中国建设的基本要求。在全社会遏制摆阔式消费、破坏性消费、奢侈性消费、一次性消费、浪费式消费的习惯，努力养成保护性消费、节约型消费、循环式消费、适度性消费、重复性消费的习惯。倡导绿色生活方式和绿色消费模式要求人们要妥善处理人与自然的关系，逐步形成资源节约型、环境友好型、生态友好型、气候友好型的消费意识、消费方式和消费习惯；鼓励使用节能节水产品、节能汽车、节能省地住宅，减少一次性用品，限制过度包装，抑制不合理消费，推行政府绿色采购，等等。

3.永续开发利用自然资源

美丽中国建设必须以一定的物质资源为保障、以一定的自然资源为承载。我国虽然幅员辽阔,但由于人口众多,大部分自然资源的人均拥有量低于世界平均水平。2016年,欧美、日本等发达国家科技进步对经济增长的贡献率均高于80%,我国的科技进步对经济增长的贡献率由50.9%增加到55.1%[①],科技创新为支撑产业转型升级、重大科技项目形成新产能发挥了重大作用,但是,从总体上看,我国经济增长严重依赖投资和自然资源的粗放式投入来实现的局面没有得到根本性改变。2012年,我国GDP占世界11.6%,钢铁消耗占世界45%,水泥消耗占世界54%,能源消耗占世界21.3%,单位GDP能耗约为日本的4.5倍、美国的2.9倍,依然是粗放型经济发展模式,经济增长依赖大量资源的消耗,造成了严重的资源短缺、生态破坏和环境污染。[②] 建设美丽中国必须实现资源的永续开发利用,坚持"两条腿"走路,既要严格控制自然资源的开发和使用数量,提高资源生产率,又要大力开发和使用可再生能源,降低化石能源等不可再生资源的使用比重,提高风能、太阳能、潮汐能、生物智能等可再生资源的使用比重。

4.保护生态环境,建设舒适人居环境

人口众多的基本国情决定了我国生态承载能力的脆弱和环境容量的局限,全国生态环境呈现局部好转、总体恶化的严峻形势,生态系统面临严重危机:盲目城市化使耕地面积快速减少,且耕地质量下降;森林面积减少,生态调节功能减弱;生物多样性减少,濒危动植物种类增多;水资源污染严重,对生物的生存产生威胁;大气污染严重,大气的氧化性和酸性指标升高,雾霾频发且覆盖区域大,持续时间长;不可再生资源分布不均且消耗速度过快,造成资源严重制约经济社会的发展,等等。因此,严峻的生态环境形势要求我们必须坚持绿色发展,必须坚持节约资源和保护环境的基本国策,坚持可持续发展,要以对人民负责、对子孙负责的态度来建设美丽中国。基于我国目前的环境形势和发展阶段,必须实施最严格的生态保护制度,优化国土空间开发格局;实施最严格的污染控制制度,做到污染排放的逐年递减;

① 叶乐峰:《科技部部长谈"四个关键词"》,《光明日报》2016年2月25日第6版。

② 钱易:《生态文明:解决世界性难题的中国方案》,《光明日报》2016年3月4日第14版。

实施最严格的温室气体控制制度，尽快完成温室气体从强度减排转向总量减排。注重优化配置环境资源，实现生态环境保护和经济社会发展双赢格局。通过生态建设和环境保护，让人民群众充分享受到山川之美、大地之美、蓝天之美。同时，城市和农村规划设计与基础设施建设，都应当以生态文明理念为指导。为了让城市生活变得更美好，要保护城市的自然生态系统，如树木、绿地、河流、湖泊和湿地等。合理控制城市规模，合理规划城市空间布局，居民居住区建设规划须融入生态、低碳、绿色、环保等理念，真正体现人居之美、建筑之美、自然之美和生活之美；要坚持以人为本，注重实效，完善民生设施，把改善居民人居生态环境质量摆在首要位置，提升公共生活环境品质，打造生态环境优美、人居条件良好、基础设施完备、管理机制健全的绿色公共生活空间。

四、跨行政区域协作共建美丽中国的基本特征

跨行政区域的协作共建功能一般是通过三种渠道实现的。一是政府政策，通过国家和地方政府的政策手段缩小区域间不断扩大的差距，在不平衡发展中寻求相对平衡的状态。二是市场，发挥市场机制在资源配置中的决定性作用，由市场主导、利益引领，将不同区域内的产业分工和利益关系通过统筹规划不断协调，从而建立合理的经济分工。三是协调，通过合理的分工，发挥各行政区域内组成部分的优势，促进不同行政区域经济、政治、社会、文化、生态的整体发展，把不同行政区域内组成部分的差距控制在适度范围，以推进经济社会在整体上实现协调。

从协作共建过程来看，跨行政区域协作共建美丽中国有以下六个方面的特征。

1. 协调性

协调是跨行政区域协作共建美丽中国的最重要特征。协作共建美丽中国涉及不同的行政区域，每个行政区域内部的具体政策规定不尽相同，地区生态环境、经济社会发展水平差异很大，因而，跨行政区域协作共建美丽中国首先需要不同行政区域协调推进。跨行政区域的协调主要取决于不同行政区域之间各种经济活动和经济交往、地区之间和城乡之间的相互交流，以及生态环境资源各影响因素的综合作用。行政区域通过对内部各组成要素和各组成部分相互间的联系和资源配置不断调整，以适应跨行政区域间共

同协作的需要，使不同行政区域之间产生相互促进和优化效果，推动跨区域协作发展。跨行政区域之间协调发展的动因，一是其行政区域自身发展的需要，二是各种资源生态环境因素对本区域产生的影响作用。协调不是绝对的平衡，更不是绝对的平均，协调的目的是逐步推进和实现不同区域之间的经济社会平衡发展，在新的更高水平上实现协调发展。

2. 整体性

整体性是跨行政区域协作共建美丽中国的基本要求和基本特征，跨行政区域建设美丽中国首先要从整体上全面提升生态环境质量，把生态环境保护与经济社会文化社会发展同步推进，把区域内与区域外的生态环境保护建设全盘考虑，整体推进。十八大提出的经济建设、政治建设、文化建设、社会建设和生态文明建设“五位一体”的发展战略，全面建成小康社会、全面深化改革、全面依法治国、全面从严治党的“四个全面”战略布局，包括了经济、政治、文化、社会方面的进步和生态环境的可持续发展，体现了经济、政治、社会、文化和生态环境整体发展的战略思维。

3. 系统性

跨行政区域协作共建美丽中国是一项系统工程，要求人们要用系统思维和系统方法解决生态系统自身问题，处理资源环境与社会系统、经济系统和人文系统的关系，要系统解决生态环境保护与开发利用问题，系统处理经济结构调整、产业布局升级与生态环境之间的关系，要把不同区域的生态环境问题通盘考虑并系统地加以解决。

4. 协同性

跨行政区域协作共建美丽中国要求不同区域在政策上和行动上要协同一致，跨流域、跨区域生态环境保护治理的思想认识、理念要统一，保护治理的政策、奖惩措施要一致。跨流域的生态环境保护治理要求流域内的上中下游各地区、各部门要通力配合，相互支持，共同行动。跨行政区域的要求每个行政区域都要自觉承担保护生态环境、治理环境污染的主体责任，要协同一致保护青山绿水，不能与邻为壑，不能嫁祸四邻，更不能奢望让其他地区为其环境污染买单。

5. 全方位

跨行政区域协作共建美丽中国是全方位的生态环境保护治理活动，涉及人类生存发展所依赖的自然生态环境和人类生产活动影响所形成的生产环境、人类日常生活行为影响所形成的生活生态环境；从保护和治理的客体来看，包括水、大气、土壤、森林、草场等；从保护和治理的范围来看，包括我国的山川、河流、湖泊、耕地、草原牧场、城乡居民生活场所等，我国所属的海域、岛礁、滩涂等，以及跨国界的生态环境保护和全球气候与生态环境问题。因而，跨行政区域协作共建美丽中国涉及人们生产生活和自然生态保护治理的各个方面，是生态环境保护治理与开发利用一体的全方位活动。

6. 过程性

跨行政区域协作共建美丽中国具有过程性，是不同行政区域在整体利益目标一致的前提下协作行动的过程，是缩小不同地区生态环境保护差距、实现全中国城乡生态环境美化优化的过程。由于不同区域的资源要素禀赋差异和经济基础条件的差异，区域间形成了区域差别和区域发展不平衡状况。这种状况一方面要求不同区域之间实现协调发展，要求发达地区带动和支持欠发达地区的发展，通过优化区域间产业布局、缩小经济发展水平差距以提高人们生活水平，实现共同富裕，实现社会文明程度的提升和生态环境的有效保护治理。另一方面，跨区域协作共建美丽中国要求不能以牺牲某些区域的利益为代价来换取其他区域的经济增长，要实现每个区域的经济利益的共同增长。美丽中国建设是一个整体性工程，每个行政区域都是其组成部分，只有各个区域在协作中实现共赢，才能从整体上提升美丽中国建设的质量。在美丽中国建设过程中，任何一个地区如果以生态破坏和环境污染为代价来换取经济增长，美丽中国都无法建成。因此，要实现跨区域协作共建美丽中国的目标需要在地区经济均衡发展、缩小区域之间经济发展差距的基础上，解决区域之间经济发展与生态环境保护之间的矛盾冲突。

第二节　跨行政区域生态环境协作治理理论

在现代社会，生态环境保护已成为政府必须承担的行政职能和基本责任，各国政府都在积极采取行动对生态环境进行治理保护，最大限度地确保公民享有在不被污染和破坏的生态环境中生存以及平等利用生态环境资源的权利。20 世纪 80 年代，西方国家掀起了新一轮的政府改革，调整政府的运作模式和运行机制。新公共管理运动的兴起对政府所承担的社会角色以及政府与公民社会之间的关系等方面进行了深刻变革。对于区域治理来说，新公共管理运动不仅把治理的主体从政府拓展到了企业和社会，同时在治理绩效上也更注重以公共产品的供给效率最大化为取向，以有效供给公共环境产品。中国政府高度重视生态文明建设，把建设美丽中国作为关系到人民福祉、关乎民族未来的长远大计，努力从源头上扭转生态环境恶化趋势，为人们创造良好生产生活环境，为全球生态环境安全做出贡献。跨行政区域协同治理生态环境既是不同行政区域协同发展的现实需要，又以一定的理论为基础。

一、跨区域合作治理理论的发展

20世纪，随着城市规模的扩大和社区人口的增加，社区居民对地方性公共物品和公共服务的需求不断增加，碎片化的地方治理体系已经不能够有效解决快速现代化带来的社会问题。美国当代经济学家蒂布特(Tiebout)尝试从个人选择的角度解决大都市或区域化难题，他主张采用一个统一的地方治理体系，认为统一体系下的治理方式具有优化资源配置的能力，如此的“多中心制度”显示出如何在一个地域分散的系统中管理行政冲突。与此同时，一些改革者提出功能性区域和行政区域之间的匹配问题，指出通过中心权威的合并，政府可以解决其行政管辖区域与治理区域不匹配的问题。

此后的研究者逐渐意识到，治理是对地方政府复杂关系的管理，强调地方政府及其相互关系的协调。2000年以后，理论界认识到合作和战略决策的重要性。以美国学者理查德·C. 菲沃克(Richard C. Feiock)教授为代表的研究者整合了集体行动的问题与制度分析的范式，提出了制度性集体行动分析框架，构建了某一范围内同一层级、不同层级的政府部门或其行动者之间的合作机制。

区域合作治理的概念是从“治理”到“合作治理”，再到“区域合作治理”的逻辑逐步深入递进而来的。“治理”是对组织主体间互动关系的结构性描述，治理不仅限于固定组织内的关系研究，任何一种内部化的组织行为都涉及治理问题。随着组织边界和目标任务的变化，治理涉及的主体也会发生变化，但本质上仍然是对主体间互动的结构性描述。沿着制度性集体行动分析框架和新区域主义的理论逻辑，可以认为“合作治理”是一种由多个政府部门和非政府部门的利益相关者直接参与，旨在制定或执行公共政策、管理公共事务，以共识为导向的集体决策过程的正式制度安排。“区域合作治理”可以看作合作治理在地方政府发展区域经济中的具体运用和体现，强调自治基础上的区域利益。

区域合作治理存在两个层次：一是单一行动者行为选择层次，即区域合作行为；二是多个行动者组成的结构层次，即区域合作治理结构。两者之间相互作用，相互影响。一方面，在区域合作行为层次，地方政府是区域合作治理的主体，区域合作治理就是地方政府之间在解决区域经济发展或区域公共事务上采取“合作”途径，进行区域政策决策、合作对象选择、合作途径确定、合作协议执行及合作成果监督的过程与机制。另一方面，“区域治理结构”则进一步表明，在地方政府所采取的与其他主体的联盟、协议、伙伴、合同等途径中，各参与主体特征及相互之间的动态结构关系，具体表现为合作区域的边界、规模及关系等各种集体行动变量在内的制度安排，地方政府间形成的独立、双边或多边关系，这些关系构成了“区域合作治理结构”。区域合作治理结构决定于各参与方在个体理性下的策略行动选择，这些选择构成了各参与方之间的关系状态，而各方之间原有的关系又会成为潜在区域主体的个体行为选择的前提和约束条件。

现阶段，区域合作治理逐步发展为“社会网络”区域合作治理，这是区域治理的结构层次与多成员参与共同形成的集体行动之间的动态关系。这个区域层次的网络结构会影响形成网络的各个地方政府成员所处的环境，经过一段时间的累积，形成新的稳定的合作状态，也就是沿着“结构——行为——绩效”的路径动态循环发展过程。在我国，区域合作的形成依赖于国家政策，一般以经济联合发展为首要目标。但是在经济合作的前提下，各区域之间形成在公共资源、公共环境、公共交通等领域的合作意向，这种原来单次的、静态的结构性关系通过区域中各主体的行为选择相互作用而演变成为持续性相互依赖关系，即构成了由区域合作成员组成的社会网络。

二、跨行政区域生态环境协同治理相关理论

（一）协同合作理论

联合国在《人类环境宣言》中指出：“保护和改善人类环境是关系全世界

各国人民幸福和经济发展的重要问题，是全世界各国人民的迫切希望和各国政府的责任。”“种类越来越多的环境问题，它们在范围上是地区性或全球性的，或者它们影响着共同的国际领域，将要求国与国之间广泛合作及国际组织采取行动以谋求共同的利益。”生态环境保护需要人类社会各主体的协同合作、共同应对。政府、公众、企业和社会组织等所有的环境使用者都负有保护生态环境的责任。在国家内部，国家与社会力量在生态环境保护领域必须共同合作，跨行政区域政府间需要协同治理；在国际社会，各个国家和地区需要协商解决环境利益冲突，合作解决环境问题。

生态环境协同合作理论是基于人类生态环境的整体性与不可分割性确立的。人类依存的生态环境是直接、间接影响人类生活和发展的各种自然生态因素和社会因素的总体，“从整个人类环境来说，人类只是环境中的一部分，不会因为人类的活动而使得环境发生客观上的分割，即使是人类主观上的国界以及行政区域的划分也不会破坏环境的整体性”①。诸如全球“温室效应”、臭氧层破坏、酸雨、物种灭绝、土地沙漠化等大范围和全球性的环境问题，需要全人类的共同努力和协作才能解决。在一国之内治理诸如跨流域的水环境污染、跨区域的大气污染，需要跨行政区域合作形成治污联动机制。由于生态环境问题的复杂性及其解决的艰难性，生态环境的治理在客观上需要各方面的共同努力，既要求一国内政府、公众、企业和社会组织的协同合作，也要求国与国之间的相互协同合作，只有人类社会各主体共同负责并共同参与到生态环境保护的事务中，才能达到个人自由与社会生态环境需求的平衡。因此，生态环境协同合作理论追求的目标就是实现生态环境资源的可持续发展、促进人与自然关系的和谐，其理论的核心就是协同合作。生态环境治理的协同合作包括国与国之间、国际组织之间的国际社会合作，一国内部政府部门之间和府际的合作、环境管理者与被管理者及其社会公众之间的协同合作。

（二）公共信托理论

公共信托理论起源于罗马法，古罗马法学家查士丁尼（Justinianus）在《法学总结——法学阶梯》一书中在对“物”进行分类时论述了财产公共信托

① 陈德敏：《环境法原理专论》，北京：法律出版社，2008年，第79页。

的思想。他认为"某些物依据自然法是众所共有的,有些是公有的,有些属于团体,有些不属于任何人,但大部分物是属于个人的财产,个人得以不同方式取得之"[①]。公有物和共用物,人们可以自由利用,国家只能作为公共权力的管理者或受托者享有权利。当有人妨害公有物和共有物自由利用时,司法部长可以发出排除妨害的命令以保护共同利用权,也可以根据侵害诉讼而对妨害人处以制裁。

公共信托理论后来经英国法学家修正而发展起来并被移植到美国环境法领域,公共信托原则成为美国环境法的重要部分和重要原则。20世纪70年代初期,密歇根大学萨克斯(Joseph Sax)教授提出了环境资源管理的公共信托理论,认为空气、水、阳光等人类生活所必需的环境要素就其自然属性和对人类社会的重要性而言应该是全体国民的"公共财产",任何人不能任意对其进行占有、支配和损害。为了合理保护和支配这些"共有财产",共有人委托国家来管理。国家对环境的管理是受共有人的委托行使管理权的,因而国家不能滥用委托权。萨克斯教授的环境公共信托理论有三个相关的基本原则:第一,将水、大气等这种对公民全体生存至关重要的公共资源作为私有的对象是不合适的且不明智的;第二,大自然对人类的恩惠不受个人的经济地位和政治地位的影响,所有公民可以自由地利用;第三,政府不能为了其本身的利益将可广泛、一般使用的公共物予以限制或改变分配形式。

萨克斯的公共信托理论的实质是以信托形式将本应由公众行使的管理环境资源的权力转交给民选的环境资源管理机关,人们为了合理支配和保护"环境公共财产"而委托国家对环境事务进行管理。政府的环境事务管理权来自人民委托,人民在将环境资源管理的一般权力授予政府行使的同时,也保留了对其受托行为的过程与结果进行监督的权利,并在必要的时候直接参与决策,发表意见。政府作为受托人取得了信托财产的所有权,但更重要的是承担相应的义务,为了委托人的利益而管理和利用信托财产。因而,"环境公共信托原则是一个以保护环境为目的的重要法律原则,它既包含了政府保护环境的首要的义务,同时也包含了每个公民相对应的要求政府实

---

① 查士丁尼:《法学总论——法学阶梯》,张企泰译,北京:商务印书馆,1989年,第48页。

施其义务的权利”[①]。

(三)竞合理论

竞合概念是1996年由哈佛大学教授亚当·M.布兰顿伯格(Adma M. Brandanburger)和耶鲁大学教授巴里·M.纳尔布夫(Baryr M. Nalbeuff)在《哈佛商业评论》上发表的一篇论文中首次提出的，其实质是实现企业的优势要素互补，增强企业的竞争实力，即为竞争而合作，靠合作来竞争。竞合理论认为不同的地方政府之间构成一种既有竞争又有合作的状态。竞合理论用博弈论方法分析组织间既有竞争又有合作的关系[②]，这一理论通过论证证明了地方政府之间并非零和博弈的关系，并非传统竞争理论所强调的利益争夺，在竞争之外也会产生双方或多方都有收益的结果。迪格里尼(Dagnino)和布杜拉(Padula)教授在此基础上又发展提出“竞合优势”理论，被称为迪格里尼-布杜拉的竞合学说。该理论提倡以合作取代竞争，强调地方政府在分配利益过程中也会因为对自身利益最大化的追求而产生损坏合作方利益的冲动。如果合作进展顺利，那么，双方将加强合作；如果进展不顺利，合作可能被终止，甚至发展成为恶性竞争。

(四)府际管理理论

跨行政区域的公共服务和公共产品受府际关系的影响。府际关系是指不同层级政府之间或不同行政区域同一级别政府之间的关系网络，它包括中央与地方关系、地方政府间的纵向和横向关系，以及政府内部各部门间的权力分工关系，其核心问题就是政府之间的关系网络问题。所谓府际关系实际上就是政府之间的相互关系。府际关系概念最早来源于美国，在美国经济大萧条的背景下，罗斯福通过协调联邦与各州、州与州，以及州、市、县、镇的相互关系来解决政府经济政策施行的利益协调问题，来增强美国应对经济危机的能力。在20世纪后期，“府际关系”概念得到广泛应用，一般定义为“联邦制度中各类和各级政府单位机构的一系列重要活动，以及它们之

---

① 吴卫星:《环境权研究:从法学的视角》,北京:法律出版社,2007年,第53页。

② Adma M. Brandanburger, Baryr M. Nalbeuff, *Coopetition*, New York: Currency Doubleday, 1996.

间相互作用"[①]。国内对府际关系问题的研究始于20世纪90年代，尽管各家对府际关系的概念和内涵持不同观点[②]，但都承认府际关系是中央政府与地方政府、地方政府与地方政府以及地方政府内部的各种利益关系，涉及如何协调在整体利益一致情况下的各地区的利益关系。生态环境治理的府际关系就是在全面建成小康社会的历史时期，在实践生态文明建设过程中，统筹各级政府的生态环境利益，形成生态文明建设的合力，实现经济又好又快发展。

在政府合作理论和府际关系理论的基础上，跨行政区域管理理论随之产生。跨行政区域管理理论关注政府内部不同部门之间的互动关系[③]，认为公共产品在提供主体和提供方式上都是多元的。从提供主体上看，除政府之外，企业、非营利组织都可以成为公共产品的提供方；从提供方式上看，公共产品的生产、组织、协调、评估等不同环节都可以通过不同方式提高供给效率。加拿大政治学教授戴维·卡梅伦认为，现代生活的性质已经使政府间的沟通、协调变得越来越重要，不仅在联邦制国家内部，管辖权之间的界限逐渐在模糊，政府间讨论、磋商、交流的需求在增长，就是在国家之内和国家之间，公共生活也表现出这种倾向，这种治理就是府际合作治理。在西方国家，府际治理是行政革新和政府再造的重要产物。[④] 中国台湾学者纪俊臣认为，"跨域管理研究的重点是特定行政自治体内部的政策合法化的过

---

① Anderson W. *Intergovernmental Relations Review*, Minnesota: University of Minnesota Press, 1960, p3.

② 林尚立教授认为，府际关系"主要是指国内各级政府间和各地区政府间的关系，它包含纵向的中央政府与地方政府间的关系，地方各级政府间关系和横向的各地区政府间关系"（参见林尚立：《国内政府间关系》，杭州：浙江人民出版社，1998年，第14页）。谢庆奎教授强调府际关系的多维度，认为府际关系应是纵横交错的，"它是指政府之间在垂直和水平上的纵横交错的关系，以及不同地区政府的关系"（参见谢庆奎：《中国政府的府际关系研究》，《北京大学学报》（社会科学版）2000年第1期）。杨宏山教授认为府际关系有广义和狭义之分：狭义的府际关系是指不同层级政府之间的垂直关系网络；广义的府际关系，不仅包括中央与地方政府之间、上下级地方之间的纵向关系网络，而且包括互不隶属的地方政府之间的横向关系网络，以及政府内部不同权力机关间的分工关系网络（参见杨宏山：《府际关系论》，北京：中国社会科学出版社，2005年，第2页）。

③ 陈敦源：《跨域管理：部际与府际关系》，黄荣护编：《公共管理》，台北：商鼎文化出版社，1998年，第226—269页。

④ 张紧跟：《府际治理：当代中国府际关系研究的新趋向》，《学术研究》2013年第2期。

程，是立法规范的理念构建与政策实务的运作这两方面的统一"[①]。府际管理理论认为，政府可以通过改革，打破对既有组织边界的固有观念，加强行政机关与行政机关、行政机关与立法机关，以及行政机关与社会组织、公民之间的合作，通过组织内外部多元主体的互动，使组织可以获取或者交换到组织需要的资源。

跨行政区域协作共建强调的是在政治、经济、文化、社会、生态等方面的跨行政区域协同合作发展，各行政区在平等、互利和共赢的基础上实现跨区域经济协调发展，实现经济发展水平和人民生活水平的共同提高与社会的全面进步。跨行政区域协作共建是一个长期的动态过程，需要通过较长时期的努力才能实现，其协作共建的基本方式是使区域之间或区域内形成经济上相互联系、关联互动、正向促进的新型关系，在经济发展的基础上实现生态环境保护以及其他各方面的协同推进与合作。

第三节　跨行政区域协作共建美丽中国的运行机制

建设美丽中国是一项整体性系统性工程，涉及范围广、区域大，要求各行政区域打破原有的行政界隔，通过区域协作来实现生态环境治理的效益最优化。面对实现区域经济协调发展、跨行政区域环境整体利益最优、环境公平和环境安全等方面的要求，地方政府在跨行政区域生态环境治理中必须从"分界而治"走向协作治理，必须健全有利于生态环境协作治理的良性运行机制。

一、跨行政区域协作共建美丽中国的机制构成

"机制"一词源于自然科学，原意是指机器的构造及其工作原理，又指有机体的构造、功能及其相互关系，后被引入社会科学领域，有了政治机制、社会运行机制、经济运行机制等概念。跨行政区域协作共建美丽中国机制是指不同行政区域的政府、企业、社会团体和社会公众共同参与生态环境保护，在共同治理跨行政区域的水污染、大气污染、生活环境污染的过程中形

---

① 纪俊臣：《论台湾跨域治理的法制及策略》，《研考》2008 年第 5 期。

成的合作、协调和共享的生态文明建设机制。跨行政区域协作共建美丽中国机制运行的主导者是政府，企业、社会团体和社会公众是重要的参与者。跨区域协作共建机制必须将美丽中国建设内容和目标融入其中，以实现不同行政区域的生态环境、生活环境、人文社会环境之美为目标，实现不同行政区域的生态环境协调发展和共享发展。

由于不同区域间的信息不对称和利益差异，跨区域政府合作具有一定的不确定性。跨区域政府合作是政府间的一种互动行为，必须以稳定的合作机制和对非合作行为、合作行为偏差的约束机制为前提保障。不同行政区域之间的信息不对称、利益差异、合作动力以及对非合作行为的约束是建构跨行政区域政府合作机制需要解决的四个问题。换言之，应在解决这四个相互关联问题的基础上来设计与建构跨行政区域政府间协作共建机制。因而，跨行政区域政府间协作共建美丽中国机制由信息共享机制、利益共享机制、评价激励机制、行为约束机制、政策协调机制和沟通协商机制等构成。

1. 信息共享机制

在共建美丽中国的过程中，跨行政区域协作关系的形成和巩固需要不同区域之间特别是政府之间在生态环境信息上的共享，最重要的是各种生态环境保护决策与规划信息的共享，在此基础上各行政区域才有可能在协商基础上形成相互支持、相互配合的生态环境保护政策，各个地区之间的政策内容才能避免自利，政策执行才能避免冲突。区域之间生态环境信息对称有利于各区域合作主体进行科学决策，有利于实现本区域内的生态环境资源配置达到最佳状态。跨行政区域之间的政府环境信息应充分公开，以提升跨区域合作共建的可预测性，最大限度地减少相互信息封闭所导致的合作风险。因此，要建立跨行政区域政府间协作共建美丽中国机制，首先要建立跨行政区域地方政府之间的信息共享机制，通过网络、传媒等各种信息渠道定期发布本地区的相关生态环境信息，实现跨区域生态环境信息共享，这样既可以有效遏制生态环境建设中地方保护主义，避免跨区域、跨流域生态破坏和环境污染事件的发生，又可以打破跨行政区域合作的壁垒，实现不同行政区域真正协作共建美丽中国。

2. 利益共享机制

在经济领域，利益共享机制是由劳动、资本、技术等要素的合理流动以及区域合作两个方面构成的，它包括两层含义：一是指国家通过政策调整，使同一产业的差别利益在不同地区之间实现合理分布，尽可能地照顾地区经济利益；二是通过调整政策，使不同产业的利益在不同地区实现合理分享。概括起来，就是力求在政策协调的基础上通过竞争与合作，形成良好的地区经济关系，从而实现产业利益的合理分配。[①] 与经济领域利益共享机制不同，生态环境领域的“利益共享机制”具有以下特点：第一，需要中央政府生态环境政策的指导，需要协调国家生态环境政策与区域之间生态环境政策之间的关系；第二，强调在地区之间生态环境保护、合作治理的基础上实现生态环境利益的区域共享，打破地区之间分割治理或与邻为壑式的治理，形成统一、开放的跨行政区域生态环境保护治理体系；第三，实现生态环境利益共享的形式多种多样，既可以通过生态补偿机制实现一个地区的生态环境比较优势，也可以通过优化生态环境结构布局，突显一个地区的生态环境产业优势实现其生态环境经济效益和社会效益；第四，生态环境领域的利益共享机制强调区域之间在市场关系基础上形成协调合作关系，在平等、互利和协作的基础上共同保护跨行政区域的生态环境。

3.评价激励机制

区域生态文明是美丽中国建设的重要内容。区域生态文明建设的评价激励机制以创新、协调、绿色、开放、共享发展理念为指导，通过生态环境政策的制定与执行来规范、引导与激励区域生态环境建设，持续有效地推进跨区域协作共建美丽中国。通过生态环境影响评价分析以及环境行为评估，及时矫正生态环境保护、建设或破坏生态环境的行为产生的环境利益和经济利益的分配关系，减少“公有地悲剧”的出现，削弱“市场失灵”对生态环境造成的压力。区域主体保护跨行政区域生态环境的积极性，除了来自环境利益及其经济利益的诱导外，中央政府环境政策的宏观调控发挥重要作用。跨行政区域生态环境保护的特殊性决定了市场机制难以解决重要生态功能区、流域和矿产资源开发等区域生态环境保护问题，这些问题的解决需要政府强有力的宏观干预。中央政府是区域生态环境协作政策的制定者、区域生态环境利益的协调者，可以运用政策手段对跨区域生态环境合作治理给予鼓励和支持，设立跨区域生态环境保护基金项目，对跨区域的生态环境产业给予政策支持；同时，建立跨区域生态环境保护、建设开发的专家咨询评

---

① 胡荣涛等：《产业结构与地区利益分析》，北京：经济管理出版社，2001年，第68页。

估机构，完善公众参与制度，对重大生态环境项目进行公开公示评议。

4. 行为约束机制

为了防止出现跨区域生态环境协作治理中的机会主义行为，保障区域协作共建关系的健康发展，需要形成区域合作行为的约束机制。在区域合作共建章程中，明确共建各方的权利、责任、义务，设定对共建不作为行为的责戒条款，包括区域合作共建各方在合作过程中应遵守的规则、违反区域合作条款后应承担的责任、对违反区域合作共建规则所造成的生态环境危害以及其他方面的损失的经济赔偿规定；同时，建立区域协作冲突解决的协调协商机制，解决区域协作共建中的矛盾和冲突。中央政府通过相关政策和法规对区域合作共建关系进行规范，对区域合作中的非规范行为做出惩罚性制度安排。

5. 政策协调机制

政策协调机制是跨行政区域合作共建美丽中国的主要内容和重要基础，以区域政策的制定和实施为依托建立跨行政区域间的横向合作共建关系。在涉及跨区域生态环境发展总体规划、生态环保产业布局、生态功能区建设、生态环境公共物品与服务提供等方面的政策制定之前，要在跨行政区域之间实现决策信息共享，建立区域间联合调研与论证制度，广泛征求专家和社会公众意见，保证政策公平和决策科学化。在生态环境政策实施过程中，区域之间地方政府应该加强执行合作，减少政策执行阻力，及时反馈政策实施和执行中的各种问题，为完善和改进后续政策提供科学依据，以政策协调发展特色优势生态环境产业、实现产业的整体升级发展，为建设美丽中国提供良好政策导向。

6. 沟通协商机制

在跨行政区域协作共建美丽中国的过程中，各行政区域的财政实力、战略定位、发展速度与潜力、自然生态环境等都不相同，但为了实现跨行政区域协作共建的可持续性与高效性，必须建立跨行政区之间平等互动的沟通协商机制，形成能够反映各方利益诉求、畅通和拓宽各方利益表达渠道、兼顾各方正当利益、维护区域发展利益的可持续发展运行机制。在各参与方相互尊重的前提下，共同应对跨行政区域生态环境发展面临的重大事务，实现跨行政区域决策的科学化与民主化，推动跨行政区域政府合作的良性发展。

二、跨行政区域生态环境保护利益补偿机制

协作是一种有目的、有意识的能动行为，是个体之间、区域之间一种互相配合的活动。生产力要素、生产关系的协作都需要互助、互需、互利。在区域协作过程中，必须改变单方面受益、其他区域利益受损的局面。只有在互利的情况下，不同区域之间才会有稳定的协调与合作，否则，就会出现"虹吸现象"，而其他区域在利益受损、行为被动的情况下所做出的反应行为，很可能最终会伤害到所有人的利益。近年来，在越来越多的利益转移中，中央政府都处于重要地位，地方政府则是转移或被转移的对象。从博弈论视角分析，作为合作的行为主体，各方在合作过程中其实是为各自利益展开博弈，关注的都是自己一方的现实和未来利益。因此，需要一种促进区域合作的利益补偿机制，将区域合作建立在不同区域的利益互补基础上，使合作各方本着互惠互利的原则商议利益补偿问题。

1. 生态补偿机制

生态补偿是在"生物有机体、种群、群落或者生态系统受到干扰时，所表现出来的缓和干扰、调节自身状态使生存得以维持的能力，或者可以看作生态负荷的还原能力"①。生态补偿是对人类的某种活动所产生的生态环境的正外部性所给予的补偿，"一般认为生态补偿应该是国家、企业和社会团体等环境资源受益人在其从事社会经济活动中造成自然资源浪费、破坏生态系统及环境污染后，为了恢复生态价值和生态功能，对所造成的损失给予补偿、恢复、综合治理等行为的总称"②。生态补偿制度是社会经济发展与自然资源和环境容量有限之间的矛盾运动的产物，建立生态补偿机制有利于弥补因经济发展而引起的生态环境破坏损失，有利于减少生态环境破坏对经济良性发展的冲击，有利于在建设"资源节约型、环境友好型社会"的进程中对各区域之间的利益进行整合与平衡。

2013 年 11 月，党的十八届三中全会通过的《中共中央关于全面深化改革若干重大问题的决定》首次提出"推动地区间建立横向生态补偿制度"。

---

① 《环境科学大辞典》编委会：《环境科学大辞典》，北京：中国环境科学出版社，1991 年，第 326 页。

② 陈德敏：《环境法原理专论》，北京：法律出版社，2008 年，第 240 页。

2014年3月，政府工作报告明确提出要“推动建立跨区域、跨流域生态补偿机制”。2015年4月，国务院印发的《水污染防治行动计划》提出“建立跨界水环境补偿机制，开展补偿试点”。2015年9月，中共中央、国务院印发《生态文明体制改革总体方案》，要求“制定横向生态补偿机制办法，以地方补偿为主，中央财政给予支持”。20世纪90年代我国就已经开始进行生态补偿机制的实践探索，目前已经在国家层面建立了自然保护区、重要生态功能区、矿产资源开发及其流域水环境保护等领域的生态补偿机制。浙江省人大常委会在2003年6月通过的《浙江省人民代表大会常务委员会关于建设生态省的决定》中要求“省政府要认真研究，逐步建立和完善生态补偿机制”。浙江加大对生态补偿的支持力度，制定了生态补偿的财力补助政策、生态建设补助政策、生态保护补助政策和生态环境治理补助政策，对生态功能区建设保护、森林资源生态效益、水环境质量、矿区自然生态环境保护等进行补偿。

(1)生态功能区建设保护补偿

在主体功能区规划内的限制开发和禁止开发区域，发展机会因产业活动受到限定或制止而减少，这些资源环境承载能力较弱的限制开发区域和禁止开发的自然环境保护区域原本多属于经济基础薄弱的欠发达地区，这些地区通过加速发展来提高当地居民生活水平的愿望十分强烈。由于这些地区的居民承担了建设和维护生态安全的义务，他们有权利享有与其他区域基本均等化的品质生活，需要中央政府和受益区域的地方政府予以适当的经济补偿。通过生态补偿机制可以调整不同区域在经济发展过程中资源与环境利益不均衡分配状况，补偿办法除了依靠中央财力扶持发展当地适宜的特色产业和提高当地基本公共服务水平外，主体功能区规划内的优化开发区域和重点开发区域也应该分担维护生态安全的成本，设立地区性的专项生态补偿基金转移支付机制。同时，可以通过产业合作实现跨区域生态补偿，增加跨区域产业合作项目，将优化开发和重点开发区域内符合生态保护要求的产业链环分段转移到欠发达地区，实现生态保护区域与受益区域的协同开发、协同发展，实现地方经济利益的再分配。对于产业活动的外部性损害，如上游水域排放对下游地区的污染、局部大气污染对邻域空气质量的影响等，需要污染源头区域支付生态破坏赔偿，建立科学的污染损害程度评价与考核的指标体系，建立稳定的长效偿付机制。我国经济发达省(市)是污染源最多的地区，发达地区在因产业能力高速增长而获利的同时，应该补偿和修复对本区域和其他区域生态环境造成的损害。

(2)森林资源生态效益补偿

我国森林资源生态效益补偿制度和机制是由法律确认保护的,大部分由政府财政资金补助。1998年我国修改的《森林法》规定:国家建立森林生态效益补偿基金,用于提供生态效益的防护林和特种用途的森林资源,林木的营造、抚育、保护和管理。2000年国家发布的《森林法实施条例》规定:防护林、特殊用途林的经营者有获得森林生态效益补偿的权利。从2001年起,国家财政拨款300亿元用于公益林建设、天然林保护、退耕还林补偿、防沙治沙工程等。其中,最有影响的生态补偿政策就是"退耕还林"对退耕地农户的补偿。浙江省制定出台了《浙江省重点生态公益林管理办法》《浙江省森林生态效益补偿基金管理办法》,从2001年开始全面建设3000万亩重点生态公益林,到2005年6月已有859.1万亩生态公益林达到了建设标准。[①] 我国森林资源生态效益补偿逐步建立了"有偿使用,全民受益,政府统筹,社会投入"的生态补偿机制,一定程度上改变了森林生态效益"多数人受益,少数人负担"的状况,"谁受益,谁负担"的生态补偿机制基本形成。

(3)水环境质量补偿

我国《水法》《矿产资源法》《渔业法》《土地管理法》等相关法律法规对生态补偿制度也做了相应规定。《水法》规定:"使用供水工程供应的水,应当按照规定向供水单位缴纳税费";"对城市中直接从地下取水的单位,征收水资源费;其他直接从地下或者江河、湖泊取水的,可以由省、自治区、直辖市人民政府决定征收水资源费"。水环境质量补偿主要用于水系生态恢复、水系源头地区水土保持生态示范区建设和山区库区流域范围的生态修复。浙江出台了省域内或跨省域流域生态补偿的政策措施,实现了省内全流域生态补偿。2012年4月,安徽、浙江两省签订新安江流域水环境补偿协议,标志着首个国家层面的跨省流域水环境补偿试点正式启动。浙江各地加强区域性和流域性的生态补偿:杭州、温州、湖州、建德、德清、洞头等地制定了有关补偿政策;台州设立了600万元的长潭水库饮用水水源保护专项资金;安吉县设立了生态补助专项资金;绍兴每年从自来水水费中提取200万元用于饮用水水源头地区生态保护;江山、龙游、金东等地对水源地和库区乡镇

---

① 陈加元:《迈向生态文明》,杭州:浙江人民出版社,2013年,第151页。

以生态补偿的名义进行了财政补助。征收城镇水污染处理费，将污水处理费标准调整到合理水平，把征收的污水处理费用于水资源和水环境保护、水资源管理和节水事项上，将提高这项资金的生态补偿功能。

(4)矿区自然生态环境保护补偿

我国《矿产资源法》第32条规定："开采矿产资源，必须遵守有关环境保护的法律规定，防止污染环境。开采矿产资源，应当节约用地。耕地、草原、林地因采矿受到破坏的，矿山企业应当因地制宜地采取复垦利用、植树种草或者其他利用措施。开采矿产资源给他人生产、生活造成损失的，应当负责赔偿，并采取必要的补救措施。"矿产资源法虽然涉及了部分生态补偿的规定，但对于矿产资源开发过程中的生态补偿规定过于强调原则性，没有明确具体的标准和实施方式，在实践中难以形成强制性约束。浙江省加强对矿区自然生态环境的保护治理，以露采矿山植被恢复为重点，开展"百矿示范，千矿整治"活动，同时，建立矿山自然生态环境治理备用金制度，规定采矿人在领取采矿许可证时必须与有关部门签订治理责任书，并分期缴纳治理备用金，备用金的收取标准不低于治理费用，形成了"谁开发，谁保护；谁破坏(得益)，谁治理"的工作机制。

2.环境资源使用补偿机制

环境资源使用补偿是指开发、利用自然资源造成生态环境破坏，或者由于生产经营行为对环境造成不利影响，当事人应当依法缴纳相应的补偿费。环境资源补偿费是环境资源使用补偿的直接体现，环境资源补偿费专项用于环境治理和建设，不得挪作他用。环境资源补偿费包括矿山资源补偿费、水资源费、土地有偿使用费、土地复垦费、土地闲置费、耕地开垦费、草原植被恢复费、森林植被恢复费、渔业资源增殖保护费、排污费等。

环境资源是人类赖以生存和发展的基本条件，是人类社会的物质基础。所有的自然资源都有其价值，环境容量由于其对人的有用性和不可再生性，同样也具有价值。环境资源付费使用就是为了真正实现环境资源的价值，使环境资源的开发利用者和破坏者负担环境资源开发利用的成本，是实现环境公平正义的要求。征收排污费的目的是促使排污者加强经营管理，节约和综合利用资源，提高资源利用效益，治理污染，改善环境。征收排污费是"污染者付费"原则的体现，可以使污染防治责任与排污者的经济利益直接挂钩，促进经济效益、社会效益与环境效益的统一。

从全国来看，资源消耗的不公平使用是区域产业缺乏优化动力的一个重要原因。低价或无偿的自然资源消耗、不均衡的能源消费，减弱了局部地区产业结构调整以及加强区域合作的动力。以万元地区生产总值能耗为例，发达地区的万元地区生产总值以生产总值计算的单位能耗相对较低，落后地区的万元地区生产总值能耗则较高。例如，2011 年，广东万元地区生产总值能耗 0.563 吨标准煤每万元，浙江为 0.590 吨标准煤每万元，而宁夏为 2.279 吨标准煤每万元，青海为 2.081 吨标准煤每万元。① 把万元地区生产总值能耗作为能源使用考核指标，抑制了落后地区的产业发展和产业结构调整，不利于缩小地区间发展差距。因而，需要建立全面的节能绩效评价和考核指标，综合考虑“区域能源消耗指标”“区域能源效率指标”和“区域能源可持续发展指标”，确定不同区域的能源消耗限定标准，制定阶梯能源价格；制定阶梯水价、阶梯电价等，对于超标消耗按较高费率收费，用于补偿后发展地区的资源供给，为跨区域产业合作创造条件。

浙江各地积极探索异地开发、水资源使用权交易、排污权交易等多种形式的生态补偿方式。不少地方制定了水系上游乡镇在下游开发区或工业园区投资办厂、税收返还的政策。有的地方积极探索资源使（取）用权、排污权交易的市场化生态补偿方式，完善水资源使（取）用权出让、转让和租赁的交易机制，鼓励生态环境保护者和受益者之间通过自愿协商实现合理的生态补偿；按照“谁投资，谁受益”原则，鼓励社会资金参与生态建设、环境污染治理的投资、建设和运营。

3. 消除生态贫困

解决因生态环境恶化而带来的贫困问题，是加强生态文明建设、建设美丽中国的一项重要内容。我国农村贫困人口和贫困区域主要分布在我国的西部和中东部的一些山区，这些区域是我国的生态屏障和生态脆弱区，其生态环境状况对我国的生态安全至关重要。生态贫困是由人口的增加、当地发展农牧业与当地自然生态系统的缓冲和恢复能力不协调造成的。在生态脆弱地区，过度开垦、放牧等行为导致森林草场退化、物种减少和严重的水土流失，进而导致区域环境承载能力难以满足人口的生存和发展，甚至造成

① 国家统计局：《2011 年分省区市万元地区生产总值（EDP）能耗等指标公报》，http://www.stats.gou.cn/tjsj/tjgb/qgqttjgb/201208/t20120816_30647.html。

当地自然生态系统崩溃，当地居民沦为生态难民，生态问题转化为贫困问题和社会稳定问题。

基于维护生态安全和实现社会公平的需要，解决这些区域性生态问题必须解决生态性贫困问题。一是加大公共财政对贫困地区基础设施建设的支持力度，优先在贫困地区建设道路交通、农田水利、输变电等基础设施项目，改善当地的工农业生产基础条件和生活条件，提高贫困地区的自我发展能力。二是加大对贫困地区的科技、教育和公共卫生等领域的扶贫力度，改善这些地区的教育和办学条件、公共卫生条件和技术培训条件。三是组织贫困地区的劳务输出和劳动力转移，减少贫困地区人口数量，减轻当地资源环境压力。四是推进生态移民，促进受损的生态系统自然恢复。浙江省实施"百乡扶贫攻坚计划"和"欠发达地区乡镇奔小康工程"，推进下乡移民工作，从2003年到2007年，迁移25万山区农民，生存条件恶劣的高山深山贫困农民基本实现搬迁，半数以上的下山劳动力实现转产转业。① 浙江省政府制定了资金扶持、减免地方规费、安排专项用地指标、基础设施建设倾斜支持、实行结对帮扶、优先安排转产专业培训等政策。

三、流域跨界府际生态环境协作治理机制

区域治理就是在基于一定的经济、政治、社会、文化和自然等因素而紧密联系在一起的地理空间内，依托政府、非政府组织以及社会公众等各种组织化的网络体系，对区域公共事务进行协调和自主治理的过程。由于不同区域治理组织的目标差异，其所表现出来的区域治理形态差异明显，因此，府际博弈及搭便车就成为流域治理外部性的主要原因。府际博弈是中央政府和地方政府间，以及地方政府和地方政府间，在一定规则约束下，依靠所掌握的信息，如何进行决策及这种决策的均衡问题。② 从公共经济学的角度看，流域水环境是介于纯公共物品和私人物品之间的准公共物品。③ 在区域利益、信息不对称和缺乏激励机制的影响下，地方政府很难真正履行中

① 陈加元：《迈向生态文明》，杭州：浙江人民出版社，2013年，第152页。

② 李胜、陈晓春：《基于府际博弈的跨行政区流域水污染治理困境分析》，《中国人口资源与环境》2011年第12期。

③ 易志斌等：《论流域跨界水污染的府际合作治理机制》，《社会科学》2009年第3期。

央政府的治理政策，而污染外部性和利益冲突则使各行政区之间难以达成合作治理，府际博弈的非理性均衡成为跨行政区流域治理困境的深层次原因。只有通过重复博弈，建立行政区之间的流域协作治理机制，才能有效控制流域水环境污染。[①]

奥尔森提出的“共容利益理论”认为，某一理性地追求自身利益的个人，或某个拥有相当凝聚力和纪律的组织，能够获得特定社会所有产出增长额中相当大的部分，同时会因该社会产出的减少而遭受极大的损失，则该个人或组织在此社会中便拥有一种共容利益。共容利益给所涉及的人以刺激，诱使他们关心全社会产出的长期稳定增长。[②] 流域是自成系统的整体，流域水环境的自然属性决定了流域上、中、下游不同区域在可持续利用流域水资源问题上形成利益共容关系。共容利益使得流域上、中、下游利益主体的合作具有必然性和可能性，建立流域府际协作治理机制具有可行性。

1.流域跨界府际联合防治机制

生态环境跨界污染决定了生态环境防治是跨行政区域的多元主体联动协作的过程。生态环境的整体性决定了生态环境的治理不能够采取分而治之的格局，只有实施跨行政区的合作与集体行动才能从根本上缓解或解决我国流域跨界生态环境所面临的危机。流域跨界生态环境问题涉及面广、复杂程度高，根据行政区域进行条块分割的环境管理只会增加流域跨界生态环境治理的复杂性。因此，有必要建立流域跨界行政区域的技术水平高和权威大的管理机构来承担这项工作，设立一个流域跨界行政区域的、独立的、专门的机构负责流域范围内政府、企业和公众事务的全面协调，这是构建流域跨界生态环境联合防治机制的首要任务。

流域生态环境治理面临的主要矛盾是流域管理与行政区域管理体制间的矛盾，以条块结合的政府层级结构基础上的管理体制，通过机构、机制、法规等综合性设置来协调管理体制中流域与区域中不同部门、不同层级间的矛盾。[③] 流域跨界联合防治机制是兼顾法律法规、利益博弈、经济补偿、管

---

① 黄溶冰：《府际治理：合作博弈与制度创新》，《经济学动态》，2009 年第 1 期。

② 奥尔森：《权力与繁荣》，苏长和、嵇飞译，上海：上海人民出版社，2005 年，第 3—4 页。

③ 施祖麟、毕亮亮：《我国跨行政区河流域水污染治理管理机制的研究——以江浙边界水污染治理为例》，《中国人口·资源与环境》2007 年第 3 期。

理效益的流域府际合作治理机制。以一级政府下属的环保局为主体的流域跨界联合防治机制，实质上是政府之间的共谋行为，其社会效益体现为该机制有效地协调上下游的利益博弈，并在一定程度上遏制或避免经济纠纷所引发的突发性事件。这种共谋行为随着联席会议制度的逐步完善而成为一种合法的制度安排。[①] 从整体情况来看，目前我国尚未建立全面系统的流域跨界生态环境管理机构和治理机制，流域跨界生态环境管理成为跨行政区生态环境治理的大势所趋。流域跨界生态环境管理机构和治理机制应在相关法律规定范围内依法行使职权，发挥其在流域跨界环境治理中的主导地位和监督管理权限，通过统一目标、统一规划、统一标准、统一监测、统一行动和统一监控来实现流域生态环境的有效治理。[②] 流域跨界生态环境联合防治机构与机制应当发挥以下五种主要功能。

(1)制定区域环境污染防治规划

流域跨界生态环境联合防治机构作为超越区域和部门的综合管理机构发挥流域跨界生态环境治理协调作用，与地方政府和其他社会团体共同制定和实施流域跨界生态环境治理合作规划；与其他相关部门共同制定有利于整个区域和国家生态环境的规划；参与政府综合决策和能源、交通、城市建设、产业布局等方面的规划，将区域生态环境污染防治规划与政府的区域综合决策和其他规划相协调。

(2)建立流域跨界环境质量监测体系

在流域内建立环境质量联合监测体系是流域跨界生态环境联合防治的基础工作。流域跨界生态环境联合防治机构应协调不同区域，在各自监测的基础上统一建立环境质量监测信息和数据库，统一不同流域之间的监测标准和评价标准，建立流域环境质量监测合作机制和信息共享机制。

(3)形成流域跨界生态环境污染联合防治协调机制

流域跨界生态环境联合防治机制的核心是建立流域内不同地区、不同管理部门之间的协调机制。联合防治具体表现在联合规划、联合检查、联合监测、联合执法等方面。不同区域政府和不同部门间的协调机制包括联席

---

① 唐建国：《共谋效应：跨界流域水污染治理机制的实地研究——以"SJ边界环保联席会议"为例》，《河海大学学报（哲学社会科学版）》2010年第2期。

② 柴发合：《建议成立区域性大气污染管理部门》，《环境》2008年第7期。

会议、论坛、信息通报等。流域跨界环境污染监管不仅要协调政府之间和部门之间的关系，还要协调政府、专家顾问和有利益关系的公众之间的关系，从而使其共同参与生态环境治理，促进流域生态环境改善。

(4)制定流域跨界生态环境联合防治政策措施

流域跨界生态环境联合防治的政策保障措施包括经济措施和技术措施等，需要加大对联防联控生态环境污染的资金投入，保障重点污染治理项目和污染治理设施。

(5)处理流域跨界生态环境联合防治纠纷

流域跨界生态环境联合防治牵涉面广，利益主体多，法律关系复杂，一个超越区域政府和利益主体的权威机构能够协调不同流域地区的利益冲突，解决流域跨界生态环境污染纠纷。

2.流域跨界府际协作治理协调机制

生态环境系统中的每一种要素如水、土地、生物、空气等都与其他要素紧密关联，对一种或一定区域内资源或环境要素的利用往往会影响到整个生态系统的平衡。生态环境污染防治涉及相当多的部门和领域，因此，完善流域跨界府际的协作治理协调机制，对治理流域跨界生态环境污染具有重要作用。

流域跨界府际的协作治理协调机制要对流域内社会经济发展有重大影响的生态环境设施项目的建设加以干预，协调其建设资金来源和利益分配。因而，需要建立包括指导机构、协调机构、执行机构在内的推进机构，在中央政府指导、地方政府协商和市场中介组织三个层面逐步形成制度性的区域合作协调机制。中央政府对流域跨界府际协作治理生态环境问题进行规划和管理指导，由国家有关部门领导和区域经济专家组成相关区域经济协调发展指导委员会，对区域经济协调发展提出战略性、方向性意见，协助解决与国家规划有关政策的衔接事宜。设立由中央政府有关部门牵头、相关地方政府参与的专业职能机构，具体推进区域内规划、协调等相关问题。建立协商仲裁制度，由中央政府召集对流域内难以协调的问题进行仲裁并督促实行。健全中介服务体系，组建发展区域性联合商会或行业协会，联络地区内主要企业，沟通行业信息，构建流域合作的信息交流平台，促进流域内要素的合理流动与配置。

四、跨行政区生态环境治理的利益保障机制

不同经济主体的利益诉求是市场经济运行的基础和动力。在资源分布与占有机会都不均等的前提下，区域经济难以实现均衡发展，地区收入差距难以消除。然而，过大的地区差距不利于经济持续增长和社会长治久安，特别是当某些超额利益的获取违背公平原则时，经济利益获取的不平等必然损害社会安定与和谐。由于不同区域、不同企业都在追求各自利益的最大化，有差别的比较利益存在使得经济活动呈现竞争与合作的博弈。社会与个人总体福利的增进是衡量经济发展的根本标准。面对多元的利益主体，一个国家的基本经济制度要保证将各利益主体的逐利行为限定在经济社会的可持续发展与和谐发展的范围内，保障全体公民衣食住行的基本需要，保证绝大多数人享有平等的公共卫生条件和受教育机会，保障绝大多数人能够争取到工作机会并取得相应收入以维持基本生活所需要的经济条件。在不完善的市场经济环境下，市场机制无法有效提高资源配置效率，不可能有效兼顾社会公平与区域协作发展的要求，需要发挥政府“有形之手”的作用来协调、约束和矫正经济运行，使市场交易活动的各方都能成为平等的市场主体。

生态环境治理与产业跨区域联动发展相结合是跨行政区环境治理保障机制的基础。为实现区域经济社会发展与生态环境保护的双重目的，必须强化跨区域生态环境治理的保障机制和保障措施，建立跨区域生态环境保护的动力机制和运行机制，完善生态环境保护的约束机制和补偿机制，通过制度支撑、机制保障、加强管理、强化监督，保证跨区域产业联动发展与生态环境保护的联动协调。产业发展是经济活动的主体内容，产业跨区域联动是一种重要的经济交往形式，以不同区域不同产业各方利益诉求为线索，形成地区特色，发挥个性优势，错位发展，构筑完善的产业发展外部网络，整合资源，取长补短，避免重复建设，保证各方获取最大化的互补性收益，区域整体收获倍增效益，这是产业区际合作的愿望，也是区域协调发展的要求。同时，产业跨区域联动发展必须加强跨区域生态环境保护，严防形成区域生态环境“互害模式”。约束产业跨区域联动过程中的不当行为，补偿产业跨区域联动产生的生态环境外部性损失，是区域协调发展的必要内容。

第二章　建设美丽浙江的总体布局与全面推进

浙江省委、省政府带领全省人民认真贯彻执行习近平同志关于生态文明建设的精神要求，深入实施“八八战略”，全面推进改革开放和现代化建设，全面建设惠及全省人民的更高水平小康社会，建设物质富裕、精神富有的现代化浙江。浙江以生态省建设为龙头，以环境污染整治为突破口，以全面改善环境质量、全面防范环境风险为基本要求，以建设生态环境、发展生态经济、培育生态文化为基本内容，实现了生态文明建设从概念到行动的转变，美丽浙江建设全面推进。

第一节　建设美丽浙江的总体布局

“八八战略”是浙江省结合自身发展实际为自己量身打造的发展战略，是为了充分发挥浙江省的体制机制优势、区位优势、块状特色产业优势、城乡协调发展优势、生态优势、山海资源优势、环境优势、人文优势，就加快建设经济强省、生态强省、文化强省制定的一系列战略举措。“八八战略”为浙江的发展前行指明了方向，为浙江生态文明建设进行了总布局，为深化美丽浙江建设提供了具体依据遵循。

一、“八八战略”的形成与提出

改革开放以来，浙江省从自然资源小省发展成为经济大省，各项社会事业不断进步，人民生活水平不断提高，归根结底是由于经济的持续快速发展提供了坚实的物质基础。进入新世纪，浙江如何进一步发挥自身优势，制定符合实际的发展战略，是浙江持续快速发展过程中需要解决的重大问题。

伴随着经济全球化进程迅速推进，以知识、科技为核心要素的“新经济”

快速发展，开辟了世界经济增长的新领域，极大地推动了全球经济结构调整和产业结构升级，为世界经济的持续快速增长提供了新契机；同时，全球经济的风险性和不确定性提高。在经济全球化进程中，中国作为全球最大的发展中国家面临的机遇与挑战同在。在20世纪之初，中国处于工业化进程的中后期和体制转轨过程中，与发达国家相比，在全球经济竞争中仍处于弱势地位，市场经济体制不完善，缺乏市场机制运作所必需的基础制度、能力和经验，经济社会发展过程中形成的一些长期性问题和深层次矛盾突出：就业压力大；经济结构不合理，产业技术水平低，第三产业发展滞后；投资率持续偏高，消费率偏低；经济增长方式粗放，资源约束和环境压力加大，特别是制约经济社会健康发展的体制性、机制性问题突出。从总体上看，浙江经济社会发展的状况与全国相似；从局部看，原材料、劳动力等生产要素价格的上涨给劳动密集型企业带来了冲击，依靠廉价劳动力形成竞争优势的浙江中小企业发展遇到了困难，电力、土地、水资源等生产要素日趋紧张，成为制约浙江经济社会发展的瓶颈。如何转变片面追求GDP的粗放型经济增长方式，实现经济社会协调可持续发展，实现经济增长速度与经济结构、质量、效益的统一，如何从浙江经济社会与人口、资源和环境特点出发，设计符合浙江实际的推动经济社会持续健康发展的战略，成为当时浙江省委、省政府领导和浙江人民共同思考的现实问题。

“八八战略”是发挥“八个方面优势”，推进“八个方面举措”的概括。其核心要义就是立足浙江实际，充分认识自身优势，强化现有优势，发掘潜在优势，努力创造条件把原有的劣势转化为新的优势。2002年11月，党的十六大明确提出：“发展要有新思路，改革要有新突破，开放要有新局面，各项工作要有新举措”，指出有条件的地方可以发展得更快一些，在全面建设小康社会的基础上，率先基本实现现代化。“八八战略”就是在这样的背景下提出来的，是浙江省结合当地实际全面贯彻中央精神的产物。同时，“八八战略”也是深入调查研究的结果。习近平同志到浙江工作后，用大量时间深入市县和省直部门调查研究。他强调，调查研究要在内外结合上下功夫，力求跑遍、跑深、跑透。“八八战略”就是在浙江省委、省政府深入调查研究并听取各方面意见和建议基础上形成的，是对浙江基本省情的全面把握。2003年1月，时任浙江省委书记、代省长的习近平同志在浙江省“两会”上做政府工作报告时，对培育浙江发展新优势做了阐述。2003年2月，在主持省委理论学习中心组专题学习时,习近平同志进一步阐述加强调查研究工作的重要性,并从七个方面具体论述了深化浙江经济社会发展战略的认识。“八八战略”由此初现端倪。2003 年 6 月,习近平同志在全省深化十六大精神主题教育、兴起学习贯彻“三个代表”重要思想新高潮电视电话会议上,第一次比较系统地阐述了进一步发挥“八个方面优势”、推进“八个方面举措”的“八八战略”。这一重要思想提出之后,得到了全省上下干部群众的一致认同。

2003 年 7 月,在中共浙江省委十一届四次全会上,习近平同志代表省委完整系统地阐述了“八八战略”。“八八战略”是围绕加快全面建设小康社会、提前基本实现社会主义现代化的目标,紧密联系浙江的优势和特点的决策部署。其主要内容为:一是进一步发挥浙江的体制机制优势,大力推动以公有制为主体的多种所有制经济共同发展,不断完善社会主义市场经济体制;二是进一步发挥浙江的区位优势,主动接轨上海,积极参与长江三角洲地区合作与交流,不断提高对内对外开放水平;三是进一步发挥浙江的块状特色产业优势,加快先进制造业基地建设,走新型工业化道路;四是进一步发挥浙江的城乡协调发展优势,加快推进城乡一体化;五是进一步发挥浙江的生态优势,创建生态省,打造“绿色浙江”;六是进一步发挥浙江的山海资源优势,大力发展海洋经济,推动欠发达地区跨越式发展,努力使海洋经济和欠发达地区的发展成为浙江省经济新的增长点;七是进一步发挥浙江的环境优势,积极推进以“五大百亿”工程为主要内容的重点建设,切实加强法治建设、信用建设和机关效能建设;八是进一步发挥浙江的人文优势,积极推进科教兴省、人才强省,加快建设文化大省。面对宏观环境的深刻变化,深入实施“八八战略”,要求我们以战略思维和世界眼光,不断认识和把握自身优势,努力把潜在优势转化为现实生产力。[①] “八八战略”的第五方面明确提出了发挥浙江的生态优势,创建生态省,打造“绿色浙江”,为“美丽浙江”建设指明了方向。因此,“八八战略”为“美丽浙江”建设提供了总布局,提供了基本的政策依据。

“八八战略”是中共浙江省委基于对 21 世纪我国面临重要战略机遇期这一宏观背景的正确认识和把握,基于对浙江经济社会发展现实基础的正

① 夏宝龙:《“八八战略”:为浙江现代化建设导航》,《求是》2013 年第 5 期。

确认识和把握，基于对浙江省加快全面建设小康社会、提前基本实现现代化战略目标的正确认识和把握而提出来的，充分体现了科学发展观的精神实质和基本要求。[①] 深入实施"八八战略"是落实习近平新时代中国特色社会主义思想要求的具体体现，也是加快浙江全面建设小康社会、提前基本实现现代化的必由之路。改革开放后，浙江探索出了一条拥有自身独特优势的"浙江经济"模式，不断完善社会主义市场经济在浙江的发展，推动以公有制为主体的多种所有制经济共同发展。在加快发展的过程中，浙江制定了符合本省实际的科学发展战略。在这一战略的指导下，浙江可以充分发挥自身的独特优势，可以收获更多的物质财富和精神财富，可以进一步发挥自身的体制机制、区位、块状产业、城乡协调发展、生态、山海资源、环境和人文等优势，将潜在的优势转变为现实的优势。浙江应牢固树立科学发展的理念，不断探索和完善自身发展的实施机制，不断发挥、培育和转化优势，重视发展质量和效益，推动经济社会持续快速健康发展。

二、建设美丽浙江的顶层设计

发挥生态优势，实施生态立省方略，首先必须做好全力推进美丽浙江建设的顶层设计。2002 年 6 月，中共浙江省委第十一次党代会提出建设"绿色浙江"的战略目标。2003 年 6 月，浙江省十届人大常委会第四次会议通过了《浙江省人民代表大会常务委员会关于建设生态省的决定》。同年 7 月，浙江省委、省政府召开全省生态省建设动员大会，生态省建设正式拉开序幕。同年 8 月，浙江省政府印发《浙江生态省建设规划纲要》，明确了浙江生态省建设的总体目标、重点工程、主要任务等。2010 年 6 月，中共浙江省委十二届七次全会通过《中共浙江省委关于推进生态文明建设的决定》，明确提出：浙江要坚持生态省建设方略，走生态立省之路。2014 年 5 月，中共浙江省委十三届五次全会做出"建设美丽浙江、创造美好生活"决策部署，提出要建设"富饶秀美、和谐安康、人文昌盛、宜业宜居"的美丽浙江。

---

① 王立军、卢江海：《"八八战略"：科学发展观在浙江的探索与实践》，《宁波党校学报》2004 年第 6 期。

1.打造“绿色浙江”,创建生态省

从20世纪70年代末至90年代末,浙江在经济总量快速扩张和工业化进程加快推进的过程中生态环境遭到了严重破坏,带来了复合型、结构性的环境污染,产生了巨大的污染物排放总量。一些地方没有处理好经济增长与环境保护的关系,片面追求GDP的增长速度,走了发达国家工业化时期“先污染后治理”的老路,致使生态环境得不到应有的保护。面对这种状况,必须把生态环境保护放到与经济社会发展并重和同步的地位,不能再以单纯的经济增长和唯GDP的政绩观为标准来判断地方发展水平,必须转变发展理念和发展方式,逐步建立起完善的绿色GDP制度。2002年6月,中共浙江省委提出建设“绿色浙江”的战略目标。“八八战略”明确指出要创建生态省,打造“绿色浙江”。

打造“绿色浙江”,建设生态省,要以绿色发展理念为导向,推行绿色生产,发展绿色经济,倡导绿色生活方式,保护绿色环境。建设“绿色浙江”,首先要推行绿色生产,整治提升重污染高能耗行业,推行清洁生产,发展循环经济,把节能环保产业列为战略性新兴产业,通过标准引领、准入把关、监管倒逼、减排推动、整治促进等有效手段来推动企业转型升级。其次,建设“绿色浙江”要发展绿色经济。绿色经济是建设“绿色浙江”的物质基础。绿色经济是以市场为导向、以经济与环境的和谐发展为目的而形成的一种新的经济形态,是产业经济为适应环保与人类健康需要而产生并表现出来的一种发展状态。它是一种经济再生产和自然再生产有机结合的良性发展模式,是人类社会可持续发展的必然产物。发展绿色经济要大力培育低消耗、轻污染、高效益型的产业,提高GDP中的绿色含量,要大力发展绿色农业、绿色工业、绿色旅游业、绿色服务业等相关产业。再次,建设“绿色浙江”,不仅体现在经济领域,还体现在生活领域的方方面面,要倡导绿色生活方式。“绿色浙江”不仅要做到生产过程中的“绿色”,也要做到消费过程中的“绿色”。最后,“绿色浙江”的直观表现就是绿色环境,绿色环境是“绿色浙江”的基础和活动舞台。绿色环境建立起来了,人民群众就有了满意的居住环境,经济发展就有了良好的投资环境。在“绿色浙江”的建设过程中,既要有省委、省政府的顶层设计,也要有专家、专业团队的建议和意见,更要有各种社会力量和民间力量的广泛参与。打造绿色浙江,离不开“八八战略”的总体指导,离不开各种社会力量的广泛参与和支持。

2.生态立省

2003年1月，经国家环保总局批准，浙江省成为全国第5个生态省建设试点省份。同年6月，浙江省十届人大常委会第四次会议通过了《浙江省人民代表大会常务委员会关于建设生态省的决定》。浙江在建设生态省的过程中，始终坚持科学的发展理念，以科学发展观为指导，牢固树立尊重自然规律、保护自然环境的理念。浙江省委十二届七次全会通过了《中共浙江省委关于推进生态文明建设的决定》，明确提出浙江要坚持生态省建设方略，走生态立省之路，为浙江生态省和生态文明的建设提供了具体的行动纲领。这一文件明确了浙江推进生态文明建设的总体要求和主要目标，全面部署了推进生态文明建设的主要任务，指明了生态立省的前进道路。建设生态省和加强生态环境建设是基础，生态经济发展是核心，生态文化培育是支撑，制度创新和加强领导是体制机制保障。打造"富饶秀美、和谐安康"的生态浙江，要发展生态经济，推进产业转型升级，降低单位生产总值能耗指标，形成高附加值、低消耗、低排放的产业结构，发展循环经济，普遍实行清洁生产，生态经济成为新的经济增长点；优化生态环境，改善大气环境、水环境，治理土壤环境，提高森林覆盖率、林木蓄积量、平原绿化面积，形成生态安全保障体系，城乡环境不断优化，环境质量不断提高；建设生态文化，开展绿色创建活动，使生态文明的理念深入人心，人们形成健康文明的生活方式；推进制度创新，构建促进生态文明建设的党政领导班子和领导干部综合考核评价机制，落实责任制，突出强调生态建设、改善民生、统筹协调发展；发挥生态补偿机制、资源要素市场化配置机制等在生态文明建设中的作用。

从"绿色浙江"到生态省，再到生态立省，是在时任浙江省委书记习近平同志的正确领导下浙江省委和全省人民对生态文明建设重要性认识的不断深化，也是浙江生态文明建设实践的新突破，是指导浙江生态文明建设的"顶层设计"方案更加完美的体现。"绿色浙江"使生态环境保护进入经济社会发展全方位的视野；生态省建设进一步在实践上使生态环保要求融入经济社会发展全过程，并得到全面体现和落实；而生态立省的提出，不仅确立了生态文明建设的基础地位，而且确立了推动浙江省科学发展新的更高的目标取向。生态立省强调了生态文明建设在整个社会主义现代化建设中是经济、政治、文化、社会建设的基础和前提，是立省之基。确立生态立省的目标取向，表明了生态文明代表着未来更高级的发展阶段和发展境界，是兴省之标。[①]

三、"八八战略"的实施

"八八战略"是在时任浙江省委书记的习近平同志的正确领导下，浙江省委结合浙江自身实际为浙江量身打造的"浙江省科学发展战略"，是习近平新时代中国特色社会主义思想在浙江萌发与实践的具体体现。"八八战略"的布局涵盖政治、经济、文化、社会、生态五个方面的建设发展。党的十八大报告明确指出：必须更加自觉地把全面协调可持续作为深入贯彻落实科学发展观的基本要求，全面落实经济建设、政治建设、文化建设、社会建设、生态文明建设五位一体总体布局，促进现代化建设各方面相协调，促进生产关系与生产力、上层建筑与经济基础相协调，不断开拓生产发展、生活富裕、生态良好的文明发展道路。"八八战略"是"五位一体"总布局在浙江的先行实践，"八八战略"充分体现了创新、协调、绿色、开放、共享的新发展理念。对于今天的浙江来说，干在实处、走在前列、谋求更好更快的发展仍是重要命题和使命担当，发展仍然是关系人民群众福祉的硬道理。"八八战略"关乎浙江走什么样的发展道路率先实现现代化，关乎浙江的发展道路是否可持续。"八八战略"充分体现了浙江全面建成更高水平的小康社会、实现现代化的思想，体现了以人为本的理念。

在推进"八八战略"实施方面，浙江省先后做出了平安浙江、法治浙江、文化大省、生态省建设等关键性的决策和部署，提出了"干在实处，走在前列"的总要求。浙江始终坚持"八八战略"发展蓝图，不懈怠，不放松，真抓实干，勇立潮头，大胆创新，推动浙江各项事业发展不断跃上新台阶。在深入实施"八八战略"基础上，浙江省做出实施"创业富民，创新强省"的决策部署。浙江省第十三次党代会以来，省委先后分别就加强自身建设、干好"一三五"实现"四翻番"、实施创新驱动发展战略、全面深化改革、建设美丽浙江创造美好生活、全面深化法治浙江建设等做出研究部署，出台了一系列政策举措，努力建设物质富裕、精神富有的现代化浙江。这些政策举措贯穿"八八战略"这根红线，不断推进"八八战略"深化、细化、具体化，不断以新成效彰显"八八战略"的生命力。浙江全面深化改革，继续发挥体制机制优势，激

---

① 陈加元：《迈向生态文明》，杭州：浙江人民出版社，2013年，第411—412页。

发发展新活力。浙江发挥改革的优势,按照党中央的要求,明确改革路线图、时间表、任务书,以责任制分工、项目化推进的方式,抓攻坚,抓落实。这些举措是浙江区域发展战略的升华,是浙江加快全面建设小康社会、提前基本实现现代化的重大决策和部署。[①] 2013 年 11 月召开的中共浙江省委十三届四次全会,对“八八战略”作了进一步具体发展,对浙江全面深化改革制定了具体清晰的路线图,会议提出了“八个着眼于”,即使市场在资源配置中起决定性作用,推动结构调整和产业升级,培育开放型经济新优势,推进城乡发展一体化,推进海洋强省建设,开拓文化发展新境界,促进社会公平正义、建设美丽浙江,以进一步发挥优势,深化改革,创新举措。[②]

浙江省实施“八八战略”以来,各项事业稳步推进,取得了一系列可喜的成绩。“八八战略”的实施给浙江经济发展注入了活力,拓宽了浙江省居民的增收渠道;改善了浙江省居民的生产生活条件,提高了浙江省居民的生活水平;发挥了浙江省的人文优势,促进了浙江文化大省的建设;有效加强了浙江省精神文明建设,为浙江发展提供了有效的智力支持;加快了浙江城乡互相开放进程,促进了浙江省城乡互为市场;在制度上、体制机制上大胆创新,为浙江进一步发展提供了动力源泉和制度保障。浙江始终坚持把推动率先发展、加快发展和高质量发展作为首要任务,聚精会神搞建设,一心一意谋发展,着力提高经济增长质量和效益,实现经济社会持续健康较快发展;坚持把以人为本作为核心,把人民对美好生活的向往作为奋斗目标,常谋富民之策,多施惠民之举,使广大人民群众更多地享受改革发展成果;坚持把发挥、培育和转化优势作为工作着力点,以深化改革解决前进中的矛盾问题,以推进创新增添新的发展动力,努力在制度创新、技术创新和产业结构、城乡结构调整中构筑发展新优势;坚持把统筹兼顾作为根本方法,统筹推进经济强省、文化强省、科教人才强省和法治浙江、平安浙江、生态浙江建设,加快形成全面协调可持续发展新格局;坚持把善作善成作为工作要求,大兴求真务实、真抓实干之风,咬定目标,一以贯之,常抓不懈,力争年年有

---

① 徐璞英:《科学发展观与区域发展战略的升华——以浙江“八八战略”为例》,《中共浙江省委党校学报》2004 年第 5 期。

② 之江平:《一张蓝图绘到底》,《浙江日报》2013 年 12 月 23 日第 1 版。

突破、不断上台阶，努力在科学发展和现代化建设中干在实处、走在前列。[①]

为实现“八八战略”确定的“创建生态省、打造‘绿色浙江’”的战略目标。2003年，浙江省委、省政府做出了建设生态省的重大战略决策，浙江省十届人大常委会第四次会议通过了《浙江省人民代表大会常务委员会关于建设生态省的决定》。2008年，浙江省政府实施了包括资源节约与环境保护行动计划在内的“全面小康六大行动计划”。2010年，浙江省委召开全会，专门研究生态文明建设问题，做出了生态文明建设的决定。2012年6月，浙江省第十三次党代会进一步明确提出要“坚持生态立省的方略，加快建设生态浙江”。为贯彻落实省委、省政府的这一系列决策部署，浙江省从2004年开始实施了三轮“811”行动，即以浙江全省8大水系[②]及平原河网、11个设区市、11个省级环境保护重点监管区为主要对象的“811”全省环境污染整治行动。2005年，浙江省启动“发展循环经济991行动计划”；2008年，启动“811”新三年行动计划，着力推进污染减排和重点区域环境整治。2013年，浙江省委十三届四次全会提出在全省开展治污水、防洪水、排涝水、保供水、抓节水的“五水共治”，以全面治水为突破口倒逼转型升级。经过省委、省政府和全省人民的共同努力，浙江省全社会环境保护意识持续增强，主要污染物排放总量持续下降，产业结构持续优化，环境污染和生态破坏的趋势得到有效控制，环境质量稳中趋好。浙江通过建设生态省深入实践了“绿水青山就是金山银山”。

第二节　发展生态经济，推进经济转型升级

大力发展生态经济、加快推进经济转型升级，既是促进经济可持续发展的重要举措，也是应对生态环境危机的迫切要求，是迈向生态文明的重要一

① 夏宝龙：《坚定不移地深入实施“八八战略”推动浙江经济持续健康较快发展》，《政策瞭望》2013年第1期。

② 浙江省的八大水系是钱塘江、瓯江、灵江、苕溪、甬江、飞云江、鳌江、京杭运河（浙江段）。

步。生态文明是人与自然和谐相处的技术与智慧。① 在加快推进经济转型升级方面，浙江省的做法可以归纳为“四换三名”，即扎实推进“腾笼换鸟、机器换人、空间换地、电商换市”，加快培育知名企业、知名品牌、知名企业家，加快发展信息、环保、健康、旅游、时尚、金融、高端装备制造七大行业。“绿色浙江”“生态浙江”“美丽浙江”三位一体是浙江省推进生态文明建设的三个不同维度，浙江准确把握核心内涵，抓牢“牛鼻子”，有的放矢，统筹推进，使三者始终统一于构建节约资源和保护环境的空间格局、产业结构、生产方式、生活方式，落脚于建设以资源环境承载力为基础、以自然规律为准则、以可持续发展为目标的资源节约型、环境友好型社会。②

一、“腾笼换鸟”，加快产业转型升级

改革开放之后，在我国经济高速增长的过程中，一些传统行业的高能耗、低产出、资源浪费、发展不可持续等问题日益暴露出来。针对这些问题，国家相继出台了节能环保等相关产业的一系列扶植政策，提出了相关领域的重点任务和支持政策，浙江省经济发展和产业转型升级迎来了前所未有的机遇期。加快经济发展方式转型升级，对浙江来说有着重大的现实意义。一是有利于开拓市场，发展培育新兴产业。国家产业政策把发展新兴产业、扩大市场需求作为重点，在促进消费、加快发展升级与扩大规模、增强创新能力等方面对发展新兴产业给予支持，这有利于浙江省信息、新能源汽车、轨道交通装备、节能环保装备、健康养老等新兴产业拓展市场。二是有利于加快产业发展升级。国家产业政策把加强技术进步、加快结构调整、发展高端产品作为支持的重点，在兼并重组、清理整顿违规项目、抑制产能盲目扩张等方面提出了明确要求，有利于浙江省提高产业技术水平，增强产品竞争力，有利于发展培育骨干企业，淘汰落后产能。三是有利于加快推进一批重大项目。国家产业政策简化了项目的前期手续，取消、下放了一批企业投资项目的核准，这有利于浙江省加快移动通信系统及终端等生产项目、城市轨

---

① 刘国翰等:《生态文明建设中的社会共治:结构、机制与实现路径——以“绿色浙江”为例》,《中国环境管理》2014 年第 4 期。

② 徐震:《把握内涵深入推进绿色、生态、美丽浙江建设》,《环境保护》2013 年第 17 期。

道交通车辆及信号系统和牵引传动控制系统制造等一批重大项目的前期工作。国家产业政策对符合发展规划的基础设施项目、产业项目在银行贷款、债券发行、专项资金等方面予以积极支持，扩大了一批重大项目融资渠道，这有利于城市污水、废物处理、大气治理等基础设施项目建设，以及产业链龙头项目、重大技术产业化项目、国际重大产业并购与合作项目等的建设。四是有利于争取国家政策支持，完善浙江省相关政策。国家产业支持政策支持重点明确，有利于浙江省在相关领域争取国家的支持。同时，国家产业政策在增强市场活力、深化体制改革、拓宽融资渠道、促进结构调整等方面均有新的内容，有利于浙江省完善相应领域的政策，促进经济健康快速发展。

1.加快工业转型升级

改革开放以来，浙江省实现了从工业小省向工业大省的历史性跨越，工业成为浙江省具有竞争优势的产业领域、人民群众创业的主要阵地和区域经济发展的主要动力。但是，由于国内外经济形势的深刻变化，市场竞争更趋激烈，浙江工业面临着严峻的挑战，长期积累的结构性、素质性矛盾进一步凸现，一些新情况、新问题亟待解决，原来以低端产业、低附加值产品、低层次技术、低价格竞争为主的发展路子难以为继，加快工业转型升级刻不容缓。淘汰落后产能、提高企业技术水平、加快工业转型升级，是有效化解浙江工业发展过程中各种困难和挑战的有效手段，是实现工业节约发展、清洁发展、安全发展、可持续发展的治本之策，也是推动浙江经济发展方式转变的关键之举。因此，要把工业转型升级这项紧迫而又长期的任务放在经济全球化的大视野中，放在经济发展方式转变的大格局中，放在工业化和信息化融合、制造业和服务业互动的大背景下，深刻认识，科学规划，扎实推进。加快工业转型升级，要确保工业平稳较快发展，工业发展方式转变的成效明显，产业结构能够实现优化。其目的就是要实现工业发展动力从资源消耗为主向创新驱动为主转变，产业结构从低附加值的一般加工业为主向高附加值的先进制造业和高新技术产业为主转变，企业经营方式从粗放经营为主向集约经营为主转变，产业组织形态从传统块状经济为主向现代产业集群为主转变。

2.加快工业结构优化升级

为优化工业结构，浙江大力发展装备制造业，提高核电、水电、火电、风电、太阳能发电等电站设备以及轨道交通设备、大型石化装备等重要领域装备的制造水平，发展先进纺织、轻工、医药、化工、农业等专业机械以及数控精密机床、节能环保装备。浙江加快发展高新技术产业，实施了一批高新技术产业项目，培育了一大批高新技术企业，形成了高新技术产业群。浙江的通信与网络设备、生物与新医药、电子元器件、仪器仪表、新能源、新材料、软件服务等重点产业优势明显。浙江高水平规划建设国家级高新技术产业开发区和产业基地以及省级高新技术产业园和高新技术特色产业基地。浙江加强传统产业技术改造，围绕传统优势产业的转型升级，实施行业龙头企业技术赶超计划、万亿技改促升级计划和企业技术改造“双千工程”，引导和扶持企业加大技术改造力度，实施一批投资规模和产业关联度大、技术水平高、市场前景好的重点技术改造项目，实现主要行业的技术装备达到国内领先水平。浙江强力提高工业信息化水平，加强信息技术在工业领域的推广应用，促进企业生产经营各环节中信息技术的融合，发挥信息化对工业发展的倍增作用；推进产品研发、设计的信息化，促进工业产品的更新换代，提高其附加值和竞争力。浙江强制性地限制和淘汰落后生产能力，对不符合有关法律法规规定，严重浪费资源、污染环境，不具备安全生产条件的工艺技术、装备及产品等落后生产能力，采取限制和淘汰措施。

3.促进工业发展方式转变

一是加强技术创新，充分利用省内外科技和人才资源，建设以企业为主体、市场为导向、产学研结合的区域创新体系。二是加强品牌创新，实施品牌战略，支持企业创建全国乃至国际知名品牌，鼓励有条件的企业依托品牌优势，采取收购、兼并、控股、联合以及委托加工等方式，整合众多无牌加工企业的生产能力。三是加强管理创新，发挥企业家在企业管理创新中的核心作用，引导企业家树立现代管理理念，带领企业构建以创新为核心的企业文化。四是加强开放创新，加大招商选资力度，重点引进跨国公司、中央企业和兄弟省市大型知名企业，引进高新技术产业、高端制造环节和研究开发基地项目，引进先进技术、先进管理和高层次人才。五是加强人力资源开发创新，坚持培养和引进相结合，积极利用国际国内智力资源，加快构建一批以工业创新领军人才为核心的创新团队和一支以高层次企业经营管理人才、中高级专业技术人才为骨干的工业高层次专业人才队伍。六是加强企业组织结构创新，培育主业突出、核心竞争力强的大公司大集团，专精特新的行业龙头企业，拥有自主知识产权和自主品牌的创新型企业。七是加强节能减排方式创新，深化工业循环经济试点活动，减量、循环、高效利用资源，创建循环型产业集群、工业园区和企业。八是加强生产性服务业发展创新，以各类软件与信息服务业园、科技创业园、动漫创意产业园、现代物流园和中央商务区为重点，在中心城市发展生产性服务业集聚区。

4.实施工业转型升级的政策措施

浙江统筹规划全省工业转型升级，对不同类型的企业制定不同的转型措施，明确目标定位、总体布局、发展导向以及相应的配套措施；推进重大工业投资项目实施，实施对全省经济发展方式转变和产业结构优化升级有积极促进作用的重大工业项目；加大对工业转型升级的财政扶持力度、金融支持力度，落实工业转型升级的税费减免优惠政策。同时，浙江以扩大有效投资支撑转型升级，大力招引研发基地、营销网络、融资平台、地区总部，充分挖掘技术、管理、人脉等方面的资源，引进前沿技术、高端人才、优秀团队，有效提升了经济发展的质量和效益，促进了经济的转型升级。

二、发展低碳经济，节约能源资源

低碳经济是以低能耗、低污染、低排放为基础的经济模式，其实质是能源高效利用、清洁能源开发、追求绿色GDP，核心是能源技术和减排技术创新、产业结构和制度创新以及人类生存发展观念的根本性转变。浙江发展低碳经济，有着自身独特的生态优势：省域内水资源丰富，水系发达，降水充沛，森林覆盖率高。浙江省能耗水平相对较低，2015年、2016年，浙江省万元地区生产总值(GDP)能耗分别下降了3.53%、3.82%，单位GDP能耗分别为0.48吨标准煤每万元、0.44吨标准煤每万元，低于当年全国平均水平。连续多年，浙江全省均超额完成年度减排目标，年度减排成效持续位居全国前列。浙江积极应对气候变化，扎实抓好低碳城市试点工作，杭州、宁波、温州等先后列入国家低碳城市试点。

浙江省高度重视发展低碳经济，节约能源资源。一是开展低碳试点，探索低碳发展模式和有效运行机制，积累经验，提升竞争力，有目的、有计划、有步骤地引导全省的低碳发展。浙江制定全省低碳经济的发展规划，组织、指导和推动低碳发展工作以及低碳经济示范试点工作；同时，将低碳发展理念和行动纳入经济和社会发展规划以及各类相关区域发展规划、城市总体规划等专项规划，将低碳发展目标纳入“十二五”发展规划和重点产业发展规划之中。二是加大项目支持力度。发展低碳经济,项目是关键。对于节能项目、清洁生产和循环经济项目,应给予政策上的优先考虑,为发展低碳经济增强后劲。三是鼓励技术发展。各级政府对低碳经济发展应给予技术上的支持,鼓励企业开发新技术、新产品,对其给予优先的省级新产品立项,并在专家队伍辅导方面给予更多的引导和扶持。四是强化能源监察队伍保障。发展低碳经济需要政府加强监督监察,浙江加强对能源利用的监督和监察,从执法的角度规范和引导企业节能降耗。

三、推进清洁生产,发展循环经济

推进清洁生产、发展循环经济是加快转变经济发展方式,建设资源节约型、环境友好型社会,全面推动浙江省循环经济建设的切实举措。在"八八战略"的指导下,浙江省围绕生态文明建设和循环经济试点省建设,以资源高效利用和循环利用为核心,以科技创新和制度创新为动力,加快形成节约能源资源和保护生态环境的产业结构、增长方式和消费模式,探索具有浙江特色的循环经济发展道路,努力实现经济社会可持续发展和人与自然和谐发展。

浙江省坚持把减量化、再利用和资源化作为发展循环经济的根本要求。积极开展节能、节水、节材、节地等工作,建立和完善再生资源回收利用体系,提高资源综合利用水平,以尽可能少的资源消耗和环境代价,取得最大的经济产出和最少的废物排放。坚持把科技创新作为发展循环经济的强大动力。全面推进科技创新,加强产学研合作,加快资源高效和循环利用技术研究开发,为加快循环经济发展提供科技支撑。坚持把制度创新作为发展循环经济的有力支撑。深入推进制度创新,稳步推进资源价格改革和税费改革,完善投融资、政绩考核等体制机制,为加快循环经济发展提供制度保障。坚持把重点突破和示范带动作为发展循环经济的主要方式。大力推进循环经济发展重点领域和重点项目建设,加快建设循环经济示范企业、示范园区、试点基地和产业集聚区,以示范试点带动全省循环经济整体推进,从生产、流通、消费、回收再利用等各个环节全面推进循环经济发展。坚持把政府引导、企业主导、社会倡导作为发展循环经济的基本途径。政府引导推动企业在循环经济领域的创业创新,利用市场机制调动各方面参与循环经济发展的积极性,倡导文明生活方式和绿色消费模式,形成发展循环经济的良好社会氛围。

为了形成具有浙江特色的循环经济发展模式,浙江全面推进循环经济试点省建设,努力创建全国循环经济示范区。浙江重点发展九大领域的循环经济,即发展循环型工业、发展生态农业、发展循环型服务业、培育支撑循环经济发展的新兴产业、强化资源回收与综合利用、推进资源节约与集约利用、深化污染减排和清洁生产、加强应对气候变化能力建设、倡导绿色消费,打造循环经济九大载体,实施循环经济十大工程。

在此基础上,浙江推进工业循环经济发展,全面推行清洁生产。围绕11个重点产业转型升级,加快推进重点行业循环化改造,淘汰落后过剩产能和工艺技术。

浙江各级政府逐步建立起推进循环经济发展的工作机制,加强对循环经济发展的组织协调和指导推动,及时解决循环经济发展中遇到的重大问题。各地、各部门结合当地实际制定具体实施方案,采取切实有效的措施,推进循环经济发展,形成层层负责任、逐级抓落实、合力推进循环经济发展的工作新格局。浙江省不断加强规划指导,编制全省发展循环经济"十二五"规划以及节能、节水、资源综合利用、再生资源回收利用、海水淡化利用、新能源与可再生能源、生态循环农业等专项规划,编制全省循环经济重点支持项目三年行动计划,逐步形成总体规划、专项规划、行动计划"三位一体"的规划体系。为加强舆论引导,浙江省开展形式多样的节约资源和保护环境宣传活动,提高社会公众对发展循环经济重要性的认识,建立绿色生产、适度消费、环境友好和资源永续利用的社会公共道德准则,引导全社会树立正确的消费观,促进形成节约资源、保护环境的生活方式和消费模式。

无论是加快产业转型升级,还是发展低碳经济和循环经济,浙江省都在一步步朝着"绿色浙江"的目标迈进。建设"绿色浙江"是以"以人为本""天人合一"理念和可持续发展思想为指导,遵循自然规律,保护"天蓝、水清、山绿"的自然生态环境,营造良好的人居生存环境和投资发展环境。应运用生态经济学和系统工程学的原理和方法,依靠科技进步,有效保护和合理利用自然资源,优化调整经济结构和产业结构,增强浙江省综合实力和国际竞争力,实现人与自然和谐,经济、社会与环境协调发展。①

① 张鸿铭:《对建设"绿色浙江"的认识与思考》,《环境污染与防治》2002年第4期。

第三节　治理环境污染,优化生态环境

浙江生态省建设的总体目标是:充分发挥浙江的区域经济特色和生态环境优势,转变经济增长方式,加强生态环境建设,经过 20 年左右的努力,基本实现人口规模、素质与生产力发展要求相适应,经济社会发展与资源、环境承载力相适应,把浙江率先建设成为具有比较发达的生态经济、优美的生态环境、繁荣的生态文化,人与自然和谐相处的可持续发展省份。[①] 为实现这一目标,浙江全省大力治理环境污染,优化生态环境。以促进人与自然和谐相处、提升浙江省居民生活品质为核心,围绕科学规划布局美、总体整洁环境美、创业增收生活美、民风文明身心美的要求,以"811 行动"为抓手,浙江省委、省政府先后组织开展了"811"环境污染整治行动(2004—2007年)、"811"环境保护新三年行动(2008—2010 年)、"811"生态文明建设推进行动(2011—2015 年)。第三轮"811"行动的"8"是指生态经济、节能减排、环境质量、污染防治、生态保护与修复、环境安全保障能力建设、生态文化建设、生态文明制度建设等 8 个方面目标,"11"是指节能减排、循环经济、绿色城镇、美丽乡村、清洁水源、清洁空气、清洁土壤、森林浙江、蓝色屏障、防灾减灾、绿色创建等 11 个专项行动及 11 项保障措施。第三轮"811"作为旨在推进浙江省生态人居体系、生态环境体系、生态经济体系和生态文化体系建设,形成有利于浙江省生态环境保护和可持续发展的产业结构、居民生产、生活方式和居民消费模式,建设宜居、宜业、宜游的"美丽浙江""绿色浙江""生态浙江",促进生态文明和惠及全省人民的更高水平的小康社会建设。

2015 年,浙江省委、省政府开始实施第四轮"811"美丽浙江建设计划(2016—2020 年),通过绿色经济、节能减排、"五水共治"、大气防治、土壤防治、"三改一拆"、美丽乡村、生态屏障、灾害防控、生态人文、制度创新等 11 项行动,到 2020 年全面实现绿色经济、环境质量、节能减排、污染防治、生态保护、灾害防控、生态人文、制度创新等 8 个方面目标,初步形成比较完善的

---

① 习近平:《生态兴则文明兴——推进生态建设,打造"绿色浙江"》,《求是》2003 年第 13 期。

生态文明制度体系，形成人口、资源、环境协调和可持续发展的空间格局、产业结构、生产方式、生活方式，生态文明建设主要指标和各项工作走在全国前列，人民生活更加安居和谐，基本建成生态省，成为全国生态文明示范区和美丽中国先行区。

一、节能减排，严控污染

为加强减排制度建设，浙江省先后出台了《浙江省人民政府关于进一步加强污染减排工作的通知》《浙江省节能减排行动计划和综合性工作实施方案》《浙江省人民政府关于进一步加大工作力度确保实现"十一五"节能减排目标的通知》，制定了《浙江省"十二五"污染减排规划》和《浙江省"十二五"主要污染物总量减排实施方案》；建立完善减排统计、监测、考核三大体系，实施浙江省污染减排管理、监测、统计和考核四大实施办法；建立污染源台账制度和动态管理信息系统，实行月分析、季评估、半年考核和年度核算。省政府按照国家下达的污染减排指标，逐年制定污染减排计划，将污染减排任务分解落实到11个市和省能源集团，明确节能减排目标责任，签订目标责任书；落实高耗能行业有序用电、严控重点能耗大户新增能耗等措施；加快推进污水处理厂、印染、造纸、电力、钢铁、水泥、畜禽养殖、机动车等"七厂一车"减排重点工程的实施；建立污染减排激励和约束机制，规范污染减排项目"以奖代补"制度，对减排成绩突出的企业和地区进行表彰奖励；建立污染减排预评估、预警、约谈和公告等多项制度；运用市场手段推进污染减排，开展排污权有偿使用和交易试点。浙江全省各地通过强化减排刚性制度约束，加强减排监管，强化预警调控，完善基础设施，规划监督管理，创新工作机制，狠抓工程减排和结构减排，落实减排项目进度，全省污染减排工作取得了新成绩。

1. 全面深化工业污染防治

为全力推进省级督办重点环境问题的整治，浙江省政府领导深入现场指导检查，并多次召开现场办公会议，协调解决整治工作中的重大问题。省级有关部门会同相关市县制定专项整治规划和实施方案，实行包干蹲点整治工作。为全面治理重点行业、重点企业的污染，浙江省政府制定实施了一批重点行业结构调整和污染整治规划，出台了农药、电镀、生猪养殖、热电、燃料、啤酒六大行业的环境准入指导意见，优化产业布局，倒逼产业转型升级，通过实施限期治理、飞行监测、排污许可证、企业环境行为信用等级评价和上市企业环保核查、强制性清洁生产审核等制度，切实加强重点企业的环境监管，提升企业治污水平。

2.开展清洁水源行动，推进重点流域水污染防治

浙江省人大常委会颁布实施了《浙江省水污染防治条例》，浙江省政府印发了《浙江省重点流域水污染防治专项规划实施情况考核办法》和《浙江省跨行政区域河流交接断面水质保护管理考核办法》；综合整治钱塘江、太湖等重点流域水环境，严格实行跨行政区域河流交接断面水质考核制度，通过实行通报预警、区域限批等措施，促进断面水质改善；强化饮用水水源保护，在全省开展饮用水水源环境安全隐患专项排查整治行动，全省 81 个饮用水水源地水质自动监测点全部建成投运；推进湖泊生态环境保护试点工作，千岛湖被列为国家湖泊生态环境保护试点；启动新安江流域水环境补偿试点浙皖两省联合监测工作。

3.推进清洁空气行动

为加强大气污染联防联控，浙江省签订了《2012 年长三角大气污染联防联控合作框架协议》。为大力推进 PM2.5 污染防治，浙江省政府在 2012 年 4 月印发了《关于实施国家新的环境空气质量标准的通知》在 2012 年 7 月印发了《浙江省大气复合污染防治实施方案》；在 2012 年 9 月底完成了 53 个城市空气自动监测站的改造，各设区市及环保模范城市开展 PM2.5 监测和数据实时发布；在 2013 年年底完成了 100 个城市环境空气自动监测站的升级改造，使浙江全省所有县级以上城市都具备新环境控制质量标准监测能力；实施工业有机废气、燃煤锅炉烟粉尘、城乡生活废气以及机动车尾气治理工作，限期治理重点大气污染企业，开展燃煤锅炉、加油站、储油库、油罐车油气回收治理工作。

4.加强城镇污水处理设施建设与管理

浙江省在县以上城市污水处理厂全覆盖的基础上，重点建设镇级污水处理设施及城镇污水配套管网，实施污水处理厂脱氮除磷改造。浙江省政府出台了《浙江省城镇污水集中处理办法》，建立污水处理情况月度信息通报制度，完善污水处理厂在线监控系统，限期整改负荷率不足和中控系统不完善的污水处理厂。浙江省完善固体废物处理体系，到 2010 年年底，县城生活垃圾无害化处理达 88%，城市生活垃圾无害化处理达 98.3%；防治雾

霾等大气复合污染问题，防治工业、生活、交通等领域的大气污染，推进烟尘控制区、高污染燃料禁燃区建设，防治机动车排气污染。

5.严控农业农村污染

浙江省实施“千村示范，万村整治”、农村环境“五整治一提高”、建设“美丽乡村”、万里河道清淤等工程，有效保护了农村环境；防治畜禽养殖污染，全省所有县(市)都划定了禁养区、限养区，对存栏生猪100头(牛10头)以上的规模化畜禽养殖场进行治理；推进农村生活污水、垃圾收集处理，推行分散处理和集中处理相结合的农村生活污水处理模式，完善农村生活垃圾收集处理体系，提高农村生活垃圾处理水平；以科学施肥用药为指导，推行测土配方施肥和减量增效技术，减少农田化肥(氮、磷)流失，减少化肥农药对环境的污染。

6.推广农村节能节材技术

浙江省实施污水净化沼气工程，畜禽养殖场(户)沼气利用技术普遍应用，推进农村沼气集中供气；实施农村“建筑节能推进”工程，农村路灯太阳能供电、太阳能热水器等太阳能综合利用进村入户；引导农村新建住宅采用节能、节水新技术，支持农户使用新型墙体建材和环保装修材料。

二、全面治污，修复生态

改善农村人居条件，重中之重是垃圾收集、污水治理。浙江全省各级各部门大力投入“千村示范，万村整治”工程建设。到2015年，农村垃圾集中收集的行政村全域覆盖，每个乡镇建有1个以上垃圾中转或处置设施，农村生活污水治理的行政村覆盖率达到70%以上；共有590个建制镇建成了污水处理设施，占总数的90%。省环保厅编制了《农村生活污水处理技术规范》，指导农村污水处理设施建设，开展高负荷地下渗透污水处理负荷技术、人工湿地高效污水处理技术试点，探索出更多适合当地的污水处理模式。经过整治，浙江农村形成了适合于平原和山区的垃圾、污水处理模式，构建了“户集、村收、镇中转、县处理”垃圾收集处置网络，目前这一网络已全部覆盖浙江全省的行政村。

加强农村环境保护，实施美丽乡村建设行动计划，全面治理农村污染，连线成片综合整治农村环境。按照“多村统一规划、联合整治，城乡联动、区域一体化建设”的要求，对农村环境进行连片整治，编制农村区域性路网、管网、林网、河网、垃圾处理网、污水治理网一体化建设规划，开展沿路、沿河、沿线、沿景区的环境综合整治，开展万里清水河道建设，成片连村推进农村河道水环境综合治理，使农村环境明显优化。在农村环境综合整治基础上，开展生态村创建工作。到2015年，市级生态村占县域行政村总数的50%以上。开展村庄绿化美化，以增加绿化量为重点，形成道路河道乔木林、房前屋后果木林、公园绿地休憩林、村庄周围护村林的村庄绿化格局。到2015年，平原、半山区、山区三种类型的村庄林木覆盖率分别达到25%、20%、15%以上，建成了一批有特色的森林村庄。按照因地制宜、分类推进的原则，浙江省确立了重点建设中心村、全面整治规划保留村、科学保护特色村、控制搬迁小型村的思路，突出道路建设、垃圾收集、卫生改厕、生活污水处理、村庄绿化五项重点，力求村庄整治保持田园风光，体现农村特色；加强村庄卫生保洁、设施维护和绿化养护，建立政府补助、以村集体和群众为主的筹资机制，确保垃圾、污水等设施正常运行；扩大垃圾分类试点，建设村综合保洁站，拓宽保洁范围，有效改善农村的生产生活条件，打造宜居宜业的幸福家园；根据生态效益谁生产谁受益、污染物谁生产谁治理的原则，生态效益由受益者补偿生产者、污染物由生产者补偿受害者。①

为防治土壤污染，浙江省在全省范围内开展土壤污染状况调查，开展重点区域土壤污染修复工程。浙江省制定了《关于加强工业企业污染场地开发利用监督管理的通知》《场地污染风险评估技术导则》，全面规划污染场地开发利用行为；综合治理土壤污染，实施农产品产地土壤监测；重点防治重金属、工业固废、持久性有机物，开展重金属五大重点防控行业、18个重点防控区、42个综合治理项目、305家重点企业的整治；进一步提升污泥、工业危险废物、医疗废物处置水平。到2015年年底，全省铅、铬、汞、镉、砷等五种重金属污染物排放量分别消减44.6%、45.2%、95.6%、33.6%和32.7%。

浙江省开展公路边、铁路边、河边、山边的洁化、绿化、美化的“四边三化”行动；制订“四边三化”的具体实施方案和指导意见，构建完善目标责任体系和协同推进机制；推进生态林建设，加强自然生态保护，推进平原绿化，新增平原绿化面积89.9万亩；大力治理水土流失，仅2008年至2010年之

① 张叶：《建设美丽浙江关键在执行力》，《浙江经济》2014年第17期。

间，全省就完成水土流失治理面积2484平方千米，建成重点防护林127.3万亩。

浙江省实施矿山生态修复工程，建设绿色矿山，保护与治理矿山生态环境，使绿色矿山的创建工作制度化、规范化和常态化；到2012年年底，浙江全省需治理的废气矿山治理率达到92.4%；加强水土保持，完成水土流失治理1480.5平方千米；加强海洋环境保护，编制实施《"十二五"海洋环境保护规划》，加强海洋功能区划、近岸海域和涉海工程管理，推进海洋环境在线监测能力建设。

三、建设生态屏障和生态安全保障体系

浙江省全面实施主体功能区战略，根据资源环境承载能力，确定不同区域的主体功能，牢牢守住生态红线；编制省级主体功能区规划，强化生态功能区规划与新一轮土地利用总体规划及主体功能区规划的有机衔接；编制实施产业集聚区总体规划、14个省级产业集聚区发展规划；推动浙江省海洋经济发展上升为国家战略举措，"海洋经济发展示范区规划""舟山群岛新区发展规划"获得国家批复，省政府与国家环境保护部签署合作协议，共同推进海洋经济发展示范区和舟山群岛新区建设。

浙江省根据全国主体功能区规划，把握空间均衡的战略思想，在区域开发中牢固树立自然条件适宜性开发的理念、区分主体功能的理念、根据资源环境承载能力开发的理念、控制开发强度的理念、调整空间结构的理念、提供生态产品的理念[①]，在整体上形成"三带三圈一群两区"的高效、协调、可持续的国土空间开发格局。[②]

浙江省从2015年开始试点建设开化县、淳安县、浙南山地重点生态功能区（庆元县、景宁畲族自治县、文成县、泰顺县）国家主体功能区，结合"十三五"规划编制，将试点示范目标任务纳入经济社会发展规划；按照建设成

① 俞奉庆：《实施主体功能区战略 加快生态文明建设》，《浙江经济》2013年第1期。

② 浙江省在整体上形成"三带三圈一群两区"的高效、协调、可持续的国土空间开发格局：接轨大上海，融入长三角区域，着力培育杭州都市经济圈、宁波都市经济圈、温州都市经济圈和浙中城市群，加快建设环杭州湾、温台沿海和金衢丽高速公路沿线三大产业带，合理保护浙西南、浙西北丘陵山区和浙东南沿海近海海域。

为人与自然和谐相处的示范区和推进生态文明建设先行区的要求，划定生产、生活、生态空间开发管制界限，推动形成符合生态文明要求的生产生活方式，探索限制开发区域科学发展的新模式、新途径。试点示范主要任务是：保护优先，探索如何更好地增强生态产品供给能力；绿色发展，探索如何更好地发展壮大特色生态经济；成果共享，探索如何更好地在生态保护和发展中改善民生；优化格局，探索如何更好地完善空间结构和布局；完善制度，探索如何更好地建立国土空间开发保护制度。

浙江省坚持把绿色创建活动作为推进生态文明建设的有力抓手，形成了"生态创建、环保模范城市创建、绿色细胞创建"三大创建机制；2016 年累计建成国家级生态县（市、区）16 个、国家级生态示范区 45 个、国家级生态乡镇 691 个、省级生态县（市、区）62 个；建设杭州、湖州、嘉兴、安吉、临安、开化、桐庐、磐安、义乌等国家级生态文明城市试点，建设丽水、余姚等省级生态文明城市试点，编制生态文明建设规划和试点方案。

第四节　建设美丽乡村，优化乡村人居环境

一、建设美丽乡村的基本内涵与要求

建设"美丽乡村"是建设社会主义新农村的历史任务之一，是"生产发展、生活宽裕、乡风文明、村容整洁、管理民主"等要求的总概括。浙江省为加快新农村建设，努力实现生产发展、生活富裕、生态良好的目标，制定了"美丽乡村"建设行动计划并付之行动，取得了巨大成效。浙江省自 2003 年开始实施"千村示范，万村整治"工程，"对全省 10303 个建制村进行了整治，并把其中的 1181 个建制村建设成'全面小康建设示范村'"[①]。2010 年，浙江省委、省政府做出进一步推进"美丽乡村"建设决策，标志着新农村建设进入了深化提升阶段，明确"美丽乡村"建设的要求是"科学规划布局美，村容整洁环境美，创业增收生活美，乡风文明身心美"。

---

① 夏宝龙：《美丽乡村建设的浙江实践》，《求是》2014 年第 5 期。

1.科学规划布局美

生态环境除了能给人类带来生态价值之外，更能带来“舒适感”，这种“舒适感”即美学价值的体现。[①] 浙江省实施“生态人居建设行动”，按照“科学规划布局美”的要求，推进中心村培育、农村土地综合整治和农村住房改造建设，改善村民居住条件，构建舒适的农村生态人居体系。

第一，推进农村人口集聚。大力培育建设中心村，以优化村庄和农村人口布局为导向，修编完善以中心村为重点的村庄建设规划，通过村庄整理、经济补偿、异地搬迁等途径，推动自然村落整合和农居点缩减，引导农村人口集中居住。开展农村土地综合整治，全面整治农村闲置住宅、废弃住宅、私搭乱建住宅。实施“农村建设节地”工程，鼓励建设多层公寓住宅，推行建设联立式住宅，控制建设独立式住宅。第二，推进生态家园建设。全面开展“强塘固房”工程建设，推进农村屋顶山塘和饮用水水源山塘综合整治、水库除险加固、易灾地区生态环境综合治理。推进农村危旧房改造，提高农村人居安全和防灾减灾能力，注重农村建筑与乡土文化、自然生态相协调。第三，完善基础设施配套。深入实施农村联网公路、村民饮水安全、农村电气化等工程建设，促进城乡公共资源均等化。到2015年，具备建路条件的行政村公路通村率和通村公路硬化率均达到100%；行政村客运通达率达到94%以上，城乡客运一体化率达到55%以上。统筹建设农村社区综合服务中心，实施“农村老年福利服务星光计划”，健全农村文化、体育、卫生、培训、托老、通信等公共服务。

2.村容整洁环境美

绿色是乡村最美的底色，绿化不仅是改善生态环境的需要，更是促进村民增收、促进人与自然和谐发展的重要内容。在“美丽乡村”建设中，绿化作为一种理念，已深植于浙江人的内心。按照“村容整洁环境美”的要求，浙江省突出重点，连线成片，健全机制，切实抓好改路、改水、改厕、垃圾处理、污水治理、村庄绿化等项目建设，提升建设水平，构建优美的农村生态环境体系。立足农村实际，浙江规划以城镇、村庄为点，以公路、河流、铁路为线，以农田、片林、经济林为面，最大限度扩大林木面积，增加林木总量，实现点上

① 刘佳奇：《“美丽中国”的价值解读与环境保护新审视》，《学习与实践》2012年第12期。

成景、线上成带、面上成片。2010年浙江省启动平原绿化工程，将绿化与村庄改建、土地整理、农田水利建设等紧密结合，到2015年完成绿化造林180万亩，林木覆盖率达到18.1%。建立绿化长效管护机制，建立绿化进度通报和督察制度，由纪检、监察部门负责对责任单位实行绿化问责和约谈，实现经常性督促与持续性推进。把生态亮点打造成景点，串联景点形成景区，结合"美丽乡村"建设，浙江规划建设了45条乡村休闲旅游景观带。

3.创业增收生活美

按照"创业增收生活美"的要求，浙江省实施"生态经济推进行动"，编制农村产业发展规划，推进产业集聚升级，发展新兴产业，促进村民创业就业，构建高效的农村生态产业体系。

(1)发展乡村生态农业

推进现代农业园区、粮食生产功能区建设，发展农业规模化、标准化和产业化经营，推广种养结合等新型农作制度，发展生态循环农业，扩大无公害农产品、绿色食品、有机食品和森林食品生产。推广有机肥，实施"农药减量控害增效"工程，促进农业清洁化生产。到2015年年底，肥料、农药利用率均比2010年提高5%以上，有机肥使用量提高30%以上，高效低毒低残留农药推广使用面积达80%以上，规模化畜禽养殖排泄物综合利用率达到97%以上，农作物秸秆综合利用率达到80%以上。

(2)发展乡村生态旅游业

利用农村森林景观、田园风光、山水资源和乡村文化，发展各具特色的乡村休闲旅游业，加快形成以重点景区为龙头、以骨干景点为支撑、以"农家乐"休闲旅游业为基础的乡村休闲旅游业发展格局。强化"农家乐"污染整治，"农家乐"集中村实行村域统一处理生活污水，推广油烟净化处理等设备，促进"农家乐"休闲旅游业可持续发展。

(3)发展乡村低耗、低排放工业

按照生态功能区规划的要求，严格产业准入门槛，严禁高耗能高污染的产业到水源保护区、江河源头地区及水库库区入户。推动乡村企业搬迁到乡村工业功能区集聚，严格执行污染物排放标准，集中治理污染。推行"循环、减降、再利用"等绿色技术，调整乡村工业产业结构。鼓励有条件的村建设标准厂房、民工公寓，发展村民技能培训服务中心、来料加工服务点和村级物业等，不断壮大村域经济实力。实现"创业增收生活美"，必须把生态优势转化为发展优势。建设美丽乡村必须以农业为基础，才能获得持久动力，美丽乡村才能实现可持续发展。浙江实施“千万工程”，把助农增收贯穿始终，坚持生态与经济协调发展理念，推进美丽乡村建设与村民增收互联互动，把生态优势转化为发展优势。

4. 乡风文明身心美

按照“乡风文明身心美”的要求，浙江省实施“生态文化培育行动”，以提高村民群众生态文明素养、形成农村生态文明新风尚为目标，加强生态文明知识普及教育，积极引导村民追求科学、健康、文明、低碳的生产方式和生活方式，增强村民的可持续发展观念，构建和谐的农村生态文化体系。

第一，培育特色文化村。编制农村特色文化村落保护规划，制定保护政策。在充分发掘和保护古村落、古民居、古建筑、古树名木和民俗文化等历史文化遗迹遗存的基础上，优化美化村庄人居环境，把历史文化底蕴深厚的传统村落培育成传统文明和现代文明有机结合的特色文化村。挖掘传统农耕文化、山水文化、人居文化中丰富的生态思想，把特色文化村打造成为弘扬农村生态文化的重要基地。

第二，开展宣传教育。开展文明村镇创建活动，把提高村民群众生态文明素养作为重要创建内容。深入开展“双万结对共建文明”活动和农村“种文化”活动，开辟生态文明橱窗等生态文化阵地，运用村级文化教育场所，开展形式多样的生态文明知识宣传、培训活动，培育农村生态文明新风尚。

第三，转变生活方式。结合农村乡风文明评议，开展群众性生态文明创建活动，引导村民生态消费、理性消费。倡导生态殡葬文化，全面推行生态葬法。

第四，促进乡村社会和谐。全面推行“村务监督委员会”制度，深化“网格化管理、组团式服务”工作，推行以村党组织为核心，以民主选举法制化、民主决策程序化、民主管理规范化、民主监督制度化为内容的农村“四化一核心”工作机制，合理调节农村利益关系，有序引导村民合理诉求，有效化解农村矛盾纠纷，维护农村社会和谐稳定。

二、美丽乡村建设的基础工程

在“八八战略”的指导下，浙江省为发挥自身生态环境优势，于2003年决定开展以“千村示范，万村整治”工程为重点的新农村建设（简称“千万工程”)，即建成“全面小康建设示范村”1000个以上，完成村庄整治1万个左右。“千万工程”主要解决农村村庄环境脏、乱、差问题，治理农村生存环境，美化农村村容村貌。根据这一要求，浙江省制定了递进式的具体行动目标：2003年至2007年，建成“全面小康建设示范村”1000个以上，完成村庄整治1万个左右；2008年至2012年，以垃圾收集、污水治理等为重点，从源头上推进农村环境综合整治；2013年至2015年，全省70%的县达到“千万工程”目标的要求。

1. 推进“千万工程”的工作思路

按照科学规划、全力保障的原则，浙江结合本省实际情况制定了“千万工程”的总体工作思路。经过大量实地调研和征求意见，形成了“以村庄规划为龙头，从治理脏、乱、差、散入手，通过整治村庄环境，完善农村基础设施，发展农村社会事业，使农村面貌明显改善”的工程建设思路，确立了“人口向县城、中心镇、中心村集聚，产业向工业园区、现代农业园区集中，农村环境整治向美丽乡村目标推进”的总体规划思路。实施“千万工程”十多年来，浙江全省先后投入1200多亿元用于此项工程的基础设施建设，一张蓝图绘到底，历届党委和政府一任接着一任干，一年接着一年抓。

深化“千万工程”，打造美丽乡村升级版，需要坚定目标、持之以恒，也需要与时俱进、探索创新，更需要以人为本、务实苦干。[①] 在推进“千万工程”的过程中，浙江形成了一系列具体的工作思路。首先重视条件的差异性。因地制宜，分类指导，从各地农村实际出发，注意把握好整治力度、建设深度、推进速度与各级财力承受度、村民群众接受度的关系，注重村庄的特色与个性。其次突出建设的操作性。规划先行，完善机制，科学把握好各类规划的定位和深度，达到总体规划明方向、专项规划相协调、重点规划有深度、建设规划能落地。再次认识任务的艰巨性。突出重点，统筹协调，以改善农村生产生活条件为重点，做好农村垃圾处理、污水治理这些影响农村环境面貌的重点环节。最后把握内涵的丰富性。产业为基，富民为本，树立美村富民理念，坚持规划、建设、管理、经营、服务并重，把美丽乡村建设与农村新型业态培育有机结合起来。

推进“千万工程”，坚持以人为本。实施“千万工程”离不开浙江村民和

① 李强：《深化千万工程，打造美丽乡村升级版》，《浙江经济》2014年第23期。

社会各界的理解与支持，建设美丽乡村需汇聚来自“四面八方”的力量，只有充分尊重浙江村民的自主选择，才能赢得理解和支持。[①] 村民对“千万工程”的理解和支持，直接降低了工程推进的难度，并化作推进工程实施的实际动力，直接推动“千万工程”的进展。“千万工程”要以美为形，“以业为基”，推动农村经济社会可持续发展。“千万工程”要解决农村的脏、乱、差，让农村在现代化的过程中不掉队，让农村变得更加美丽。解决农村村容、村貌问题离不开相应产业的支持，产业发展可以解除村民的后顾之忧，提升村民的物质生活水平，是“千万工程”持续推进的保障。推进“千万工程”离不开“软件”支撑，需要加强农村公共服务建设和农村文化建设。

2.实施“千万工程”的成效

自2003年启动实施“千村示范，万村整治”工程，经过十几年的持续努力，浙江省走出了一条资源节约、环境友好、城乡一体的整治建设新路子，成功地将浙江农村建成村容村貌最洁净、人居环境最优美、基础设施最配套、公共服务最完备、村民生活最幸福的农村。

(1)美丽乡村品牌效应凸显

实施“千万工程”以来，浙江省农村发展势头迅猛，农村全部通了等级公路，城乡拥有同样的自来水网、公共卫生服务网络、垃圾处理系统、超市和信息互联网，一批在全国具有知名力和影响力的美丽乡村诞生。浙江省长兴县荣获联合国环境规划署“环境可持续发展奖”第一名，浙江省安吉县荣获“联合国人居奖”，浙江美丽乡村的品牌效益已经凸显。浙江在实施“千万工程”的过程中不仅收获了美丽，还收获了品牌，更收获了效益。美丽安吉、幸福江山、秀山丽水、田园松阳、金色平湖、潇洒桐庐、人间仙居，这些韵味十足的地名，向人们展开了浙江美丽乡村的画卷。

(2)满足农村居民的公共服务需要

“千万工程”不仅建设乡村的村容村貌，而且在建设过程中切实满足农村居民的公共服务需要，坚持人口集聚和促进公共服务相衔接，加快构筑梯次合理、衔接紧密的城乡体系。浙江实现了等级公路、邮站、电话、宽带等“村村通”，把中心村作为统筹发展的基础节点和推进基本公共服务均等化的有效载体，推进村庄整治从“治脏治乱”向“治小治散”并重转型。公共资

① 顾益康：《建设美丽浙江，离不开美丽乡村》，《农村工作通讯》2013年第16期。

源要素不断向中心镇村集聚，促进产业布局合理化、人口居住集中化和公共服务均等化。浙江重视农村中心村的链接点作用，使其引导、辐射带动周边的行政村，打造融公交、医疗、卫生、教育、文化、社保于一体的30分钟公共服务圈；在行政村建立便民服务中心，村民们可以在这里办理建房手续、临时身份证、房产证明等行政事务。2011年年底，浙江省实现行政村便民服务中心全覆盖，提供社会保障、医疗卫生、通信通讯、供水供电、农资补助等50多项服务；中心村建立集商品供应、农技推广、金融服务等便民服务于一体的村级综合服务社，涵盖了与基层群众密切相关的各个方面。行政村便民服务中心将社会管理架构延伸向农村，使广大农村的管理高度、精细度大大提升。

(3)“千万工程”社会效应凸显

“千万工程”不仅使乡村建设取得了巨大成绩，其影响作用还辐射到了社会领域，取得了良好的社会综合效益。开展“千万工程”建设十几年来，浙江农村居民安全感满意率均在95%以上，刑事案件、群体性事件、生产安全事故数量总体呈逐年下降趋势。浙江省城乡居民收入差距远远低于全国平均值，城乡一体化的趋势明显，城乡界限越来越模糊。浙江在基础设施、社会管理诸方面实现了城乡的“无缝对接”，农村成为城市的后花园，而城市成为农村的核心区，城市乡村越来越趋于一体。

3.实施“千万工程”的主要经验

(1)“千万工程”定位准

党的十八大报告明确提出“努力建设美丽中国，实现中华民族永续发展”的要求，建设“美丽中国”成为全国人民努力的方向。由于物质和精神方面的差异，农村与城市在“美丽中国”的建设过程中有很大差距，因此，建设“美丽中国”的难点和重点是农村。作为全国美丽乡村建设的“先行区”，“千万工程”是浙江推动现代化建设成果惠及全省人民的重要途径。实施“千万工程”，有利于人们更加深入地领会“美丽中国”在浙江所体现的生态价值、推行的普惠理念，以及促成城乡融合的功能作用。乡村富饶美丽，百姓生活和谐安康，城乡差距日益缩减，这正是“千万工程”追求的目标。浙江美丽乡村呈现的活力、富足、幸福、美丽和文化底蕴，是对“美丽中国”内涵的注解。

(2)“千万工程”切入点准

改革开放以来，浙江经济高速发展，浙江从曾经的资源小省一跃成为经济大省。浙江农村居民人均纯收入连续多年位列全国农村第一。物质富裕已不再是农村生活“幸福感”的唯一衡量标准。逐渐富裕起来的农村居民，对生存发展环境和农村生态极其关注，对是否享受与城市均等化的基础设施和公共服务配套尤为敏感。浙江实施“千万工程”，以重民生、重民意为切入点，全面建成广大农村居民共同享有的小康社会，建设“物质富裕精神富有”的现代化浙江，推进农村建设与城市建设一体化进程。

(3)“千万工程”着力点准

推进“千万工程”就是要着力解决广大农村居民反映最为强烈的环境问题，始终把村民反映最强烈的环境脏、乱、差问题作为农村生态环境治理的突破口。通过建设“全面小康示范村”来引领美丽乡村建设，为深化“千万工程”、建设美丽乡村打开了良好的局面，促进了村容整洁和乡风文明，推动了生产发展和村民增收，带动了城乡统筹，利民惠民，浙江农村的面貌发生了很大变化。

(4)“千万工程”动力点准

浙江实施“千村示范，万村整治”工程运作的动力就是健全城乡共建共享帮扶模式，通过美丽乡村建设来加快推进全域城市化，促进城乡全面融合。浙江美丽乡村建设形成“一届接着一届干，一年接着一年抓，一级抓一级，层层抓落实”的推进机制。省委、省政府每年围绕美丽乡村建设中的一个重点问题，抓检查，抓推进，抓落实，形成了政府主导、村民主体、投入机制不断健全的城乡帮扶的美丽乡村建设模式。

在创建“全面小康建设示范村”的基础上，浙江按照城乡基本公共服务均等化的要求，把示范村的成功经验深化、扩大至全省所有乡村——这是“千万工程”的普遍推行阶段，其以生活垃圾收集、生活污水治理等工作为重点，从源头上推进农村环境综合整治，形成村民受益广泛、村点覆盖全面、运行机制完善的整治建设格局，使农村面貌发生了整体性变化。

三、打造美丽乡村样板区

在“千万工程”建设取得重大成就的基础上，2013 年，浙江省全面推进美丽乡村建设，各地打造具有地域特色的“美丽乡村样板区”。到 2015 年，浙江全省 70%左右的县(市、区)达到了“美丽乡村”建设工作要求，60%以上的乡镇开展整体“美丽乡村”建设。全面推进美丽乡村建设是深入推进

“千村示范，万村整治”工程，全面提升村庄整治、新社区建设、农房改造和农村生态环境建设水平的内在要求。[①]

“美丽乡村样板区”就是指在“美丽乡村”建设过程中，把“美丽乡村”建设成为生产发展、生活富裕、生态良好的样板。“美丽乡村”建设的重点是实现村美民富，拓宽现代农业、乡村旅游等发展渠道，发展生态经济，促进村民持续增收。浙江以县域为单位建设“美丽乡村样板区”，把县域内的交通沿线打造成“风景长廊”，把村庄建设为特色景点，把农户庭院雕琢为“精致小品”。到2013年年底，浙江省打造了35个“美丽乡村”先进县、80条景观带、300多个特色精品村落，这些“美丽乡村”共同描绘了“富饶秀美、和谐安康”的锦绣浙江。[②]

浙江根据县市地域总体规划、土地利用总体规划和生态功能区规划，综合考虑各地不同的资源禀赋、区位条件、人文积淀和经济社会发展水平，按照“重点培育、全面推进、争创品牌”的要求，实施“美丽乡村”建设行动计划。“美丽乡村”建设始终把村民群众的利益放在首位，充分发挥村民群众的主体作用，尊重村民群众的知情权、参与权、决策权和监督权，引导村民大力发展生态经济，保护生态环境，建设生态家园；因地制宜，立足农村经济基础、地形地貌、文化传统等实际，突出建设重点，挖掘文化内涵，展现地方特色；坚持生态优先，遵循自然发展规律，切实保护农村生态环境，展示农村生态特色，统筹推进农村生态经济、生态人居、生态环境和生态文化建设。

（1）科学编制“美丽乡村”建设规划

结合县市域总体规划、城镇发展规划和土地利用总体规划，完善各类生态专项规划，供水、污水处理、垃圾收集处理等专项规划向周边农村延伸，提高生态专项规划覆盖范围。按照“生活宜居、环境优美、设施配套”的要求，编制“美丽乡村”建设规划，细化区域内生产、生活、服务各区块的生态功能定位，明确垃圾、污水、改厕、绿化等各类项目建设的时序与要求。

（2）多渠道融集“美丽乡村”建设资金

浙江省按照“资金性质不变、管理渠道不变，统筹使用、各司其职、形成

---

① 汪彩琼：《新时期浙江美丽乡村建设的探讨》，《浙江农业科学》2012年第8期。

② 隗斌贤：《推进美丽浙江建设的两点思考——基于社会学视角的分析》，《江南论坛》2014年第6期。

合力”的原则，加大对“美丽乡村”建设资金的整合力度，“千村示范，万村整治”专项资金重点用于“美丽乡村”建设。按照“谁投资，谁经营，谁受益”的原则，鼓励不同经济成分和各类投资主体以独资、合资、承包、租赁等多种形式参与农村生态环境建设、生态经济项目开发。支持民间资本以BT、BOT等形式，参与农村安全饮水、污水治理、沼气净化等工程建设。推行农村集体经营性建设用地使用权、生态项目特许经营权、污水和垃圾处理收费权以及林地、矿山使用权等作为抵押物进行抵押贷款，引导金融资金参与“美丽乡村”建设。

(3)依靠科技推进美丽乡村建设

加大农村环保技术的研发应用，利用高校、科研院所、骨干企业的科研资源，开发引进减量化技术、再利用技术、资源化技术和生态修复技术，为“美丽乡村”提供有力技术支持。推广以节能、节水、节材、节地为主的适用技术，提高垃圾无害化和资源化处理、污水沼气净化治理、农业面源污染防治、新型能源利用的水平。

(4)注重提升美丽乡村的“内涵美”

美丽乡村建设呈现树品牌、惠民生的特点。各地结合地域特征、产业特色和人文特点，在“美丽乡村”总品牌下，创造了一批立意高、容易记的地域性乡村“金名片”，让美丽乡村建设与“本土化”建设有机结合。

(5)注意保护传承乡村历史文化根脉

浙江做到了建设现代人居和保护传统文化的合理兼顾，启动了260个重点历史文化村落的保护利用工作，塑造村庄的文化个性和品牌，避免“千村一面”和城乡同质化现象。浙江按照外在风貌与内在文化有机统一、保护传承与改善人居有机统一的原则，努力把历史文化村落培育成与现代文明有机结合的“美丽乡村”，既保存历史文化村落风貌的完整性和历史真实性，也体现它们当下生命的延续性和可持续性，让古村落和生态乡村环境成为“特色竞争力”。

(6)营造建设美丽乡村的良好氛围

发挥新闻媒体的作用，开展形式多样的宣传教育活动，宣传先进典型，形成全社会关心、支持和监督“美丽乡村”建设的良好氛围。通过规划公示、专家听证、项目共建等途径，广泛动员社会各界力量参与支持“美丽乡村”建设。

(7)开展争做"新农村建设先锋"行动

根据农村人口居住情况,以农村社区为节点,按照村民经济身份与社会身份分离、农村集体经济组织成员身份与权利不变以及社区居民属地化管理的原则,探索中心村组织机构设置新模式。开展争做"新农村建设先锋"行动,选优配强村"两委"班子,为"美丽乡村"建设提供组织保障。

(8)制定年度实施意见

各级党委、政府高度重视"美丽乡村"建设工作,制定"美丽乡村"建设行动计划年度实施意见。各地党政主要负责人亲自抓建设,县乡两级加强"美丽乡村"建设工作力量,发挥各级"千村示范,万村整治"工作协调(领导)小组的作用,统筹协调"千村示范,万村整治""强塘固房"等建设项目。

2013 年 10 月,全国改善农村人居环境工作会议在浙江省桐庐县召开。习近平总书记专门做出重要指示,强调要认真总结浙江省开展"千村示范,万村整治"工程的经验并加以推广。"美丽乡村"建设的过程,既要全面落实中央的部署要求,又要坚持"绿水青山就是金山银山"的理念,扎实有力地推进村庄整治和"美丽乡村"建设,推动浙江省新农村建设和生态文明建设再上新台阶。

第三章　省域内跨行政区域协作共建美丽浙江

建设美丽浙江是深入贯彻落实习近平生态文明建设思想的战略举措，是顺应时代发展新要求和人民群众新期待的重大工程，是"美丽中国"建设在浙江的生动实践。在中国特色社会主义新时代，浙江充分发挥自身优势，充分认识生态文明建设的重要性，解决浙江经济社会发展面临的生态环境问题，把握生态文明建设的迫切任务；加大生态文明建设的力度，把全省作为一个"大花园"来打造，推动浙江生态文明建设不断迈上新台阶，奋力谱写"高水平全面建成小康社会，高水平推进社会主义现代化建设"的新篇章。

第一节　省域内跨行政区域环境协作治理

一、省域内跨行政区域生态环境协作治理的必要性

尽管区域一体化在一定程度上模糊了一国内部不同区域之间行政区划的界限，但竞争与合作仍然是不同行政区域在多个领域的发展态势。随着建设美丽中国目标的明确和构建资源节约型和环境友好型社会的要求的提出，生态环境保护在我国经济社会发展中的重要性愈显突出，任务愈加紧迫。生态环境保护是一项复杂的系统工程，范围广，综合性强。生态环境本身具有公共资源属性，具有外部性、空间外延性特征，这就决定了区域生态环境保护的整体性、系统性。"环境区域的范围限定在污染的外部影响所能

达到的最远边界，是一个边界相对模糊的区域。”[①]环境污染的负外部性往往会扩散到多个行政区范围，跨越两个甚至两个以上的政府层级所辖区域，因此，区域环境保护原有的整体性由于行政区的划分往往被分割，不同行政区域之间经济发展水平的差距、生态环境保护意识的不同、生态环境保护具体政策的差异使得不同行政区域在环保问题上采取不同的措施。如果地方政府仅从自身利益出发，将难以明确生态环境问题的责任边界，使得跨区域生态环境保护很难达成一致。目前，跨行政区域环境污染问题时有发生，成为防治环境污染和治理生态破坏的一大难题。在现有行政区划体制下，打破行政区划界限、实现跨行政区域协作治理生态环境问题，是深入推进生态文明建设的可行之路和必然选择。

1.省域内流域跨界水环境污染事件时有发生

流域水环境是一种介于纯公共物品和私人物品之间的准公共物品，在一定范围内具有外部性，作为物品本身具有消费的非竞争性与受益的排他性。流域水环境具有流动性，即使有行政边界的限制，污染物仍会随着水体流动保留在本地区或转移到下游邻近的地区，流域水环境本身具有外部性效应。水的自然流动性使上游地区排放的污水随着水流流向下游，这种可转移的外部性使上游得以在短期内免于遭受污染的侵害，获得短期利益。在全国范围内，随着东部沿海发达地区的经济结构和产业结构的调整升级，一些污染企业从东部沿海地区向内陆、西部地区转移，一些经济欠发达地区基于追求短期利益目的，吸引“三高”企业到本地投资，出现了污染项目从城市向农村、从发达地区向落后地区转移的趋势。污染企业的转移在给当地带来经济效益的同时，严重影响了当地生态环境。西部地区位于我国主要河流湖泊流域的上游，容易造成区域性连片污染。

流域水环境作为一种公共资源，具有生态系统的完整性和环境系统关联机制，不会因行政区的划分而改变其自然规律。流域内水环境的任何一部分受到污染，都可能破坏整个流域循环系统，从而呈现跨区域特征。上游地区的污染可以被水流携带到下游地区，形成区际环境系统的恶性关联。如果上游地区进行合理的经济开发，改善生态环境，就会优化中下游地区、

---

① 刘厚凤、张春楠：《区域性环境污染的自治理机制设计与分析》，《人文地理》2001年第1期。

相邻或相关区域的环境系统,形成区际环境系统的良性关联。

跨界污染事件的发生反映了单一行政区划污染治理方式与环境污染的外部性之间的矛盾。跨行政区域环境污染无法由单个地方政府单独而有效地解决,地方政府的单一环保行为效果会大打折扣,因此,需要地方政府之间建立有效的合作机制,地方政府间的合作是解决跨区域环境问题的重要途径。面对流域内跨界水污染问题,同一流域内没有一个地方可以独善其身。流域水环境的公共物品属性决定了只有地方政府合作治理才能有效控制跨行政区域的流域水环境污染。

浙江省虽位于江南水乡,但仍面临着水资源危机。因地形地势条件和洪水等因素,浙江可开发的水资源量十分有限。根据2013年全省水利普查公报显示,浙江省人均水资源量却仅有1760米^3,"远远低于全国人均水平,只有世界人均水资源的五分之一,已经逼近了世界公认1700米^{3}的警戒线"①。在一段时期内,浙江省域内河流污染问题严重,河水的流动把污染物扩散到省内其他区域,对其他地区造成了严重污染,浙江省境内的钱塘江、曹娥江的中下游地区水域就曾经出现过严重污染。因流域的整体性和行政区划分割间的矛盾使得地方政府在协调解决环境问题的博弈中难以实现上下游地区通力合作,跨行政区水资源管理和水污染防治工作低效甚至无效。2001年江浙交界水污染引发的筑坝事件、2011年新安江水污染事件、2014年富春江水污染事件等,这些事件既有因长期管理疏忽导致的污染爆发,也有因意外事件导致有毒有害物质泄漏而造成的污染。这些现象表明目前我国流域管理体制尚不能满足跨行政区域防治水污染、大气污染的现实需要。

2.现行环境污染治理模式难以从根本上解决跨行政区域污染问题

我国环境管理的基本原则是属地管理原则。《中华人民共和国环境保护法》规定:"地方各级人民政府,应当对本辖区的环境质量负责,采取措施改善环境质量。"这一规定对小范围环境污染能起到强化责任的作用,但在涉及跨区域污染时,就难免受到地方保护主义对环境管理的阻碍。依照属地负责原则,地方政府只需对本地区的环境质量负责,无须关注其他地区的

---

① 李月红:《"科学百日谭"讲述五水共治——江南水乡,缘何缺水?》,《浙江日报》2014年3月24日第6版。

环境质量。转移污染是转移发展成本以获得经济发展优势的错误手段，地方政府面对跨区域污染问题倾向于采取地方保护主义。即使有污染防治设施必须与项目主体工程同时设计、同时施工、同时投产使用的“三同时”制度要求，有环境影响评价、限期治理等一系列环境政策和法律规定，也会由于地方政府仅关注本辖区内的环境状况而使这些制度规定在实施过程中受到一定阻碍。

流域水污染的外部性独立于市场机制之外，流域水污染的外部性影响不通过市场发挥作用，它不属于买者与卖者的关系范畴。市场机制无法对产生污染外部性的企业或区域进行调节，也无力给受损者予以弥补。流域水污染的外部性之所以难以根除，原因在于生产者转嫁生产成本的投机心理和行为，而市场机制对这种投机行为无能为力。政府的作用就是要对跨区域污染进行干预，制裁企业污染外溢的外部性行为。

生态环境污染防治属地负责原则的潜在缺陷是导致流域跨界水污染难以杜绝的原因之一。上游污染企业排放的污染物污染了下游的水体，而下游地方政府又无权管理上游排污企业，无权要求其减少污染或者对污染实施处罚；上游地区的政府没有动力去控制排污企业，因为这些排污企业能够给上游地区带来经济利益，并且不会对己造成损害，或者带来的损害由上下游一起承担，低于在上游地区治理污染的成本。由于跨界流域水资源产生的利益不可分割，加上“搭便车”现象的存在，许多地方政府不愿意建设污染处理设施，导致污染治理投入不足。

目前，地方政府的治理环境污染模式实际上是“各自为政”，极少关注跨行政区域的生态环境污染问题。流域跨界水污染问题的产生，可以用“公地的悲剧、囚徒博弈的困境、集体行动的逻辑”以及“个体理性与集体理性的冲突”等经典理论加以阐释。由于跨区域环境污染治理仅仅依靠一地难以完成，基于行政区划的“行政区行政”治理方式已经陷入困境，不足以解决流域跨界水污染之类的区域公共问题。[①] 环境管理必须遵循“双赢”原则，要考虑环境问题的跨界性及其公共物品效用的外溢性，建立跨区域政府间的环境污染防治协作治理机制非常必要。

---

① 郎友兴：《走向共赢的格局：中国环境治理与地方政府跨区域合作》，《中共宁波市委党校学报》2007 年第 2 期。

二、省域内跨区域环境协作治理的共容利益关系

省域内跨行政区域环境协作治理包括水环境协作防治、大气污染防治、土壤防治、防污治污设施共建共用、生态功能区建设、跨行政区域的生态产业布局、生态保护与修复、环境安全保障能力建设等内容，其中以水污染和大气污染协作防治为主。

流域水环境既是一种环境资源，也是一种经济资源，具有生态系统的完整性、跨区域性和使用的多元性特征。河流流域内的任何一部分水资源受到污染，都将会对流域内的其他部分造成影响。河流的上下游、左右岸、干支流都是这个流域系统的一部分，流域范围内的政府、企业、居民都有利益关联，在同一流域的水环境污染治理中存在着共容利益。因此，流域水污染治理的共容利益是由水环境的自然属性决定的，其根本性的共容利益就是上下游地区都能够可持续利用流域水资源。以流域为基本单元协作防治水污染，协调上下游地区的利益关系，维系流域生态系统的平衡，是满足流域内不同地区社会经济发展的需要。

在流域水污染防治中，涉及上下游地区的地方政府、企业、居民等多方利益主体。省域内市、县(区)政府是流域跨界水污染治理的责任主体，它要代表区域内全体社会成员履行环境行政管理职责，其价值取向是发展经济社会各项事业以及实现区域公共利益的最大化。[①] 地方政府是地方利益主体的代表者，其决策行为应当从地方成员的利益出发。然而，实际情况并非完全如此，地方政府的所有行为并不总是促进社会财富的增长。因为地方政府作为利益主体其内部有不同的部门利益，主要包括政府公务人员的个体利益和政府部门的部门利益，这些部门利益主张对地方政府的利益实现有着不可忽略的影响。例如，政府公务人员既是经济政策的制定人，又是经济政策制定后的具体执行者。一方面，工作性质要求他们从整个地方的全局利益出发，客观、公正地实现全局利益，如提高就业率、提高地区生产总值、改善生态环境质量等；另一方面，政府公务人员本身是社会中的一员，有着自身的利益取向，如增加工资收入、实现职务升迁、展示和发挥个人才能

---

① 周国雄：《公共政策执行阻滞的博弈分析——以环境污染治理为例》，《同济大学学报(社会科学版)》2007 年第 4 期。

等。不容否认，政府公务人员和政府机构本身的利益取向对公共利益产生直接影响，影响公共政策的制定、实施，更有甚者，试图通过公共政策以实现公务人员的个体利益和政府部门的部门利益。在一些跨流域水环境污染事件中，地方保护主义严重实际上是地方利益、部门利益，甚或公务人员个体利益在作祟。

在省域范围内，市县政府的生态环境利益可以简化为生态环境产生的利益、居民对当地政府的生态环境的满意度与省级政府对当地生态环境状况的认可程度之和。在流域水环境污染防治中，如果上游地方政府采取合作策略进行流域水环境保护，其收益包括下游给予的生态补偿、省政府的认可、良好的水环境等，面临的损失包括当地高能耗产业GDP的减少、居民的就业影响等；如果上游地方政府不采取流域水环境保护策略而进行其他产业发展，其收益可能是GDP总量的增加和就业率上升等，面临的损失包括下游地方政府的生态补偿、省政府对其的惩罚、污染的水环境等。浙江境内河流的流域流向大致呈现上游地区大部分为山区、欠发达地区，辖区内居民最为关心的是收入、就业等问题。如果上游地区的地方政府能给当地居民带来更多的就业机会、增加收入，当地居民对地方政府的满意度就会很高。而对于下游地区的地方政府而言，如果与上游地区的地方政府采取不合作策略，不给予上游生态补偿，面临的损失可能包括上游地区的地方政府失去进行水环境保护的动力从而引起下游水环境恶化，以及省市政府对其的惩罚等。下游地区一般为较发达地区，财政资金相对充裕，辖区居民对生态环境质量的要求相对较高，公众的环境保护参与意识也较高。辖区内居民对生态环境的满意度直接关系到地方政府的利益，如果流域水环境质量差，当地居民对地方政府的满意程度就会变低。

对于上下游地区而言，协作治理流域水污染是共容利益关系，其利益具有正相关性。在流域水环境治理中形成的合作伙伴关系影响多方的“同体发展”，其合作动力来自对水资源的开发利用保护产生的经济社会利益，通过合作博弈不仅能使各方在治理流域水污染过程中实现自身利益最大化，而且能使各方实现互利共赢。良好的水环境、合理的生态补偿、上游对下游的水污染赔偿、省级政府对地方政府协作治理流域水污染成效的认可、当地居民对地方政府治理流域水污染的满意度等因素能够促成市县政府协作治理流域水环境污染的愿望与动机，在流域水环境污染协作防治中对上下游地方政府的策略选择均起到重要约束作用。

三、协作推进跨行政区域美丽浙江建设

建设美丽中国是实现中华民族伟大复兴的中国梦的重要方面。建设美丽浙江是建设美丽中国在浙江的生动实践，是为美丽中国建设做贡献。协作推进跨行政区域美丽浙江建设主要通过以下四个机制与措施来实现。

1. 区域整合

随着省域内市县经济发展水平的不断提高和城市之间联系的日益紧密，浙江形成了以城市群、城市带为基础的区域发展载体和区域竞争形态。如何实现跨行政区域的协调发展，建构跨行政区域生态环境协作治理的体制机制，是提升浙江省综合竞争力需要解决的重要课题。

区域化是一定区域范围内经济社会整合的自发成长与经济社会间自主互动作用的过程。区域化从范围来看包括两个层面：一方面是民族国家层面之间的区域化，另一方面是一国内部相邻行政区域城市群之间各地方政府的合作。传统区域治理依赖于大城市政府的正式结构来执行，而新区域主义强调政府与非政府组织以及其他利益相关者的协作，强调区域治理通过政策相关行动者间的稳定网络关系来达成，因为政府和非政府组织各自都没有足够的能力去解决区域性问题。新区域主义视野下的区域治理，不但包括政府之间的协作，而且还包括与非政府组织之间的合作。①

根据制度化水平和组织化程度的高低，浙江省内跨区域协作主要通过两种类型的体制机制实现：一是比较刚性的制度化行政性体制，是由独立于各地方政府之上的具有某种政治权威的组织由省级政府自上而下进行协调；另一种是比较柔性的非制度化的系统性协商体制，是区域内各地方政府通过自愿方式成立的较为松散的协调协商组织来完成的。浙江省的发展已经形成相对集中的城市群分布，形成了杭州都市经济圈、宁波都市经济圈、温州都市经济圈和浙中城市群，形成了环杭州湾、温台沿海和金衢丽高速公路沿线三大产业带。在一定区域范围内，这样的“双层协调组织”架构为建立跨行政区域协调发展模式提供了必要的组织保障。

① 刘焕章、张紧跟：《试论新区域主义视野下的区域合作：以珠江三角洲为例》，《珠江经济》2008 年第 12 期。

跨行政区域环境污染协作治理以政府为主导,其参与主体是多元的。完全意义的区域协作治理实质上不是由政府单独完成的,其强调在跨区域协调发展过程中多元主体的参与,倡导多主体合作共治。浙江在跨行政区域的生态环境协作治理中,注重强化多元主体的作用,注重发挥政府部门的综合协调作用、企业的资源配置作用、非营利组织的沟通交流作用、专家学者的参谋咨询作用,建立了网状结构的治理协调机制;同时充分发挥环保志愿者组织、"市民环保检查团"[①]等社会组织的作用,积极引导公众参与环境保护治理,听取公众的意见和建议,促进跨行政区域生态环境协作治理保护。

2.政策引导

地方政府间的府际关系、地方政府的管理体制既是区域协调发展的推动力,又是阻碍其向纵深发展的瓶颈。浙江省政府加强跨行政区域生态环境协作防治的政策引导,推进政府管理体制改革,转变政府职能,重塑府际关系,创新跨行政区域生态环境管理运作机制。我国的行政区界往往与自然条件相连,浙江省内行政区界的划分也有着同样的特点,因而在行政区之间存在着双重壁垒:行政壁垒与自然条件壁垒。随着信息和交通的发展,我们具备了更多克服自然条件壁垒的手段,关键需要用更多的精力来消除行政壁垒。完善跨行政区域生态环境协作治理必须以全面深化改革为动力,建立由政府与市场共同推动的模式,发挥政府的引导、协调、督促作用,发挥市场资源配置作用,以消解跨区域生态环境保护的保护主义,减少行政壁垒。

跨行政区域美丽浙江建设须强化政策引导和规划引领作用。2014 年 5 月,中共浙江省委十三届五次全会通过了《中共浙江省委关于建设美丽浙江创造美好生活的决定》。这一决定从建设美丽浙江的意义、要求、目标、重点工作、主要任务等方面全面规划了区域生态环境治理的蓝图,力求做好区域

---

① 浙江省嘉兴市组织公众参加环保检查,参与环境执法。2008 年 3 月,嘉兴市环保局通过公开向社会招聘,组建"市民环保检查团",其主要工作是跟随环保执法人员开展执法检查,监督和纠正各种环境违法行为,参与环保信用不良企业、环境污染违法较重企业和重点整治污染企业的"摘帽"验收评价及监督管理。市民环保检查团的 200 名成员来自社会各阶层,包括大专院校的教师、学生、社区居民、外来务工人员、机关干部等。

生态环境治理的规划编制和组织实施。强化区域生态环境治理的顶层设计,把跨行政区域生态环境协作治理的内容具体化、明晰化,让区域协作组织的最主要职能回归到生态环境防治的协调和执行上。

聚焦经济转型、加强区域协作是增强浙江省整体竞争力的需要,更是推动经济转型升级、促进横向联合、拓展发展空间的需要。限制不符合生态文明建设要求的产业,将共用相近资源的产业进行聚集以产生聚集效应,将促进区域协调合作上升到转变经济发展方式的高度——这些措施有利于确保地区经济增长,促进经济发展质量的提高和发展方式的转变。

3.利益共享

利益共享是区域内地方政府间合作的核心。利益共享是指参与区域合作的各个利益主体对合作行为所带来的收益进行公平、合理的分配和共享。利益共享从公平享有这一关键点出发寻求化解合作的利益矛盾和冲突的途径,借助公正合理的利益分配机制和利益补偿机制来满足多元合作主体的利益诉求,从而形成均衡的利益格局并达成稳定的合作关系。[①] 在省域内,跨行政区域的交通基础设施建设、生态环境保护以及金融财税等领域的合作,需要省级相关部门的介入并发挥协调作用。跨行政区域生态环境协作治理,要正确处理区域之间的生态环境保护职责和利益关系,明确每个区域的职责定位,找到区域之间的利益与责任的平衡点。

美丽浙江建设实践中的利益共享体现在多方面。一是推进跨区域基础设施互联互通,缩短城市之间的空间距离,减少各自为政、互相封锁和低水平重复建设所造成的浪费。二是推进跨区域公共服务共建共享,提高基本公共服务资源利用效率。这是促进民生改善、社会协调发展的重要手段和现实需要。三是推动跨区域生态环境联防联治。由于市场经济的外部性,不少地方把污染性项目建设在行政区域边缘,将发展的环境成本转嫁给“邻居”,这是导致环境污染难以治理的原因之一。浙江在建立跨行政区域生态环境保护利益共享机制时,把生态环境的联防联治作为重要内容,树立全局思想,统一区域环保门槛,优化区域产业布局,在区域内大力发展环保产业,增强生态环境综合治理的协同性。

---

① 何影:《利益共享:和谐社会的必然要求》,《求实》2010年第5期。

4. 整体考核

与传统科层制的组织架构和自上而下的政策执行方式不同，跨区域协调组织涉及多个行政主体及社会组织，且相互平行，互不包含，缺乏权力硬性约束，呈现松散化的现象。同时，各地方政府间的利益冲突，往往会导致政策失灵，导致跨区域生态环境保护规划和政策难以有效实施。引导区域内的地方政府走出恶性竞争误区，需要注重区域协作的有效运行评估，着力改变区域治理的政策碎片化格局，加强地方政府对区域内共性问题的应对，增强区域发展的协调性和凝聚力，提升跨行政区域生态环境保护的协调度。浙江省注重对区域生态环境保护治理进行整体绩效考核，把区域内各合作主体的合作态度、行为表现纳入考核体系，形成硬性制度规则约束，建立适应跨区域生态环境协作防治需要和符合国家政策要求的评价体系，规范跨区域地方政府之间的合作行为；建立流域环境治理保护的地方政府责任制，实施跨行政区域河流交接断面水质保护管理考核办法，考核结果与领导干部综合考核评价、奖励处罚、建设项目环境影响评价和水资源认证审批挂钩，有效落实流域治理和保护的主体责任，将加快流域水环境质量的改善。

四、跨行政区域协作共建美丽浙江的功效

1. 降低地方政府环境治理成本

在环境治理中，地方政府间的合作是为实现区域共同利益，有效解决区域环境问题而沟通信息、合理配置资源的互动交易过程。地方政府合作在产生收益的同时，必然产生交易成本；地方政府合作的交易成本越高，合作过程中产生“摩擦”与风险的可能性越大，合作越不宜发生。跨区域环境治理中政府合作的交易成本有协调成本、信息成本和监控成本三部分。①

跨区域环境问题的解决要求相关地方政府主导其中，实现整体性治理。但地方政府之间基于自身利益也会有冲突和矛盾。受认知、利益、体制等因素影响，单一地方政府并不能做出符合区域整体利益的理性行为选择。跨区域的环境问题涉及多个行政区域，每个行政区域内的环境问题既具有区域个性特征又具有共同性。面对环境问题的复杂性和多变性，掌握完整有

① 郭斌：《跨区域环境治理中地方政府合作的交易成本分析》，《西北大学学报（哲学社会科学版）》2015 年第 1 期。

效的信息是实现有效治理的前提。信息掌握得越全面越充分，政府公共决策的质量越高，政府治理的效果越好。在区域环境治理过程中，为了减少决策不确定性，地方政府间必须及时获取、加工、处理以及共享相关信息以促进合作。但是获取信息需要付出成本，这一成本包括收集、加工、储存、传递、利用信息的成本，包括建立环境识别、监测系统的成本，区域之间信息共享平台及其软件更新的成本，信息处理过程中人力资源投入与开发成本等。

地方政府之间建立跨区域环境治理的监控约束机制，通过对环境违法行为的惩罚来保证合作的可持续性。浙江省对跨行政区域的生态环境保护统一规划布局和顶层设计，有效降低了地方政府间的协调成本。自 2004 年以来，浙江省按照“统一规划、统一建设（传输）标准、统一仪器型号、统一运行维护”的要求，高起点、高标准、高质量地推进环境自动监控系统建设，在全国率先建成了环境质量和重点污染源自动监控网络，全省应对突发环境事件的应急能力明显增强。浙江省环保厅及各设区市环保局都编制了环境信息公开规范和指南，向社会公开环境信息并从 2007 年起向社会公开企业环境违法行为。浙江省还建设完成省级环境信息平台，实现了环保系统重要环境信息数据的联网，有效提升了环境管理的效能。

2.政府间合作的综合效益显著

地方政府之间加强环境合作保护治理，有利于政府间建立信任，减少跨区域政府间的矛盾与摩擦；有利于促进地方政府在“优势互补、互惠互利、加强合作、共同发展”原则基础上，建立长期、稳定、全面的协作关系，构建合作平台，实现环境信息共享，解决跨地区性生态环境资源的供给难题。在流域水污染治理上，地方政府间的合作能够带动区域水利基础设施、流域旅游开发、产业发展等方面的合作，形成多方位、多层次、多功能性的区域合作模式，从而在区域经济、社会和生态环境方面取得综合性效益。

在建设美丽浙江的过程中，浙江省逐步实现了城市和农村、区域和流域、陆域和海域生态环境的统筹治理和保护。在深化城市环境综合整治、加快完善城镇环境基础设施、深入开展环保模范城市创建的同时，关注农村生态环境改善，致力于城乡环境公共服务均等化，开展“千村示范，万村整治”工程和美丽乡村建设行动，加快推进城市环境基础设施向农村延伸、城市环境公共服务向农村辐射，在注重区域性环境污染整治的同时更加关注流域性环境问题的统筹解决，在保护陆域环境的同时更加关注海洋污染防治和生态保护，从而逐步形成了城乡统筹、区域联动、陆海兼顾的防控体系。在建设美丽浙江的过程中，区域政府间的生态环境协作治理保护取得了生态经济发展、环境质量改善、生态文化提升的综合效益，实现了污染治理、生态保护、居民生态文明素质提升、经济生态化水平改善等方面的协调推进。

3.提升区域性整体生态环境质量

区域政府间的环境协作治理与保护，其最终目的与成效就是要提升区域性整体生态环境质量。浙江省以流域环境整治为重点，改善全流域的水环境质量：重点抓钱塘江水污染防治，开展钱塘江流域乡镇污水处理设施建设；整治金华江流域，加大流域氮磷污染物排放企业的监管力度；加强对杭嘉湖太湖流域运河水系、鳌江的污染整治；深化曹娥江、椒江、苕溪等重点流域整治。同时，浙江省以省级环保重点监管区整治为突破口，着力解决区域性、结构性污染问题。省政府梳理了一批布局不合理、低小散产业集聚、结构性污染突出的区域性环境问题，划定11个省级环保重点监管区，建立专门管理制度，实行“挂牌督办、跟踪督查、限期治理、动态管理”。

浙江省统筹治理各类污染要素和污染因子，始终坚持重点突破、整体推进，以解决突出环境问题来带动其他环境保护工作的全面开展；坚持标本兼治、综合施策，从以解决局部、突出的环境问题和防治污染为主向全面系统解决生态环境问题转变，从以水环境、大气环境为主向水、大气、土壤、辐射、噪声、生态等环境全要素综合治理和保护拓展，从以二氧化硫、化学需氧量等常规污染物为主向常规污染物、可吸入悬浮颗粒物、富营养化物质、重金属和持久性有毒有机污染物等多污染因子综合防控拓展；出台了一系列改善环境、改善民生的政策措施，加大公共财政的环境保护投入，加强生态示范区创建和生态文明建设试点，切实改善城乡人居环境；推进饮用水水源保护，开展村庄环境整治和美丽乡村建设，推进城乡环境基础设施建设，深化重点区域、重点流域污染整治，培育了国家级和省级生态县、环保模范城市、生态乡镇等环境优美、宜居宜业的生态文明建设先导区，实现了环境质量稳中向好的发展态势，生态环境质量总体为优并保持在全国前列。

4.推进区域间优势互补、协同发展

地方政府间环境协作治理与保护有利于不同县市之间资源整合。区域内不同地区的自然资源、经济发展水平、产业结构和技术差异为区域优势互补提供了前提条件。政府间合作使得具有优势环境资源和环保服务开发技术的县市能够引领环保产业发展，促进环保技术合作与交流，从而实现环保产业区域集聚和产业结构优化升级。生态环境治理和保护水平较高的地区通过政府间合作能够形成合力来解决资源开发、生态环境保护与建设问题，加快环境污染治理，优化人居环境，建设绿色屏障，改善生态环境，形成惠及全民的环境基本公共服务体系。生态环境脆弱地区通过共建生态能源经济示范区，加强地方政府间联合，争取将示范区列入主体功能区划，争取上级政府在政策、项目、投资、人才、技术等方面的倾斜和支持。

"环保产业"是国民经济结构中为污染防治、生态保护与修复提供产品和服务支持，以满足人们的环境需要，促进经济社会可持续发展的产业。浙江省在跨区域生态环境协作治理保护中，加快推进环保产业发展和科技创新，全面构筑区域环境保护、生态建设的物质和技术支撑，跨区域环保产业发展迅速，提供资源综合利用和环境保护服务成为跨区域环境治理保护合作的重要方面。浙江省在水污染防治、大气污染防治和固废处理处置等领域已经形成了门类齐全、领域广泛、具有一定规模的产品和服务体系，一些环保龙头企业和科技研发中心跨区域提供环保服务，推动环保科技水平和自主创新能力的共同提升。

第二节　省域内环境协作治理与产业布局优化

环境问题是涉及经济、政治、社会、文化和科技等多层次、多维度的复杂问题，其本质是涵盖发展道路、经济结构、增长方式和消费模式等方面的综合性问题，反映的是人与自然、经济与环境等方方面面的利益矛盾冲突。美丽浙江建设把生态文明建设放在突出地位，将生态文明融入经济建设、政治建设、文化建设、社会建设各方面和全过程，实现浙江经济社会的永续发展。产业布局优化、产业结构调整、产业转型升级是省城内环境协作治理、环境质量提升的必由之路。

一、省域内环境治理与产业转型升级

改革开放之后很长一段时期内，浙江经济以传统产业为基础和特色，以石油、化工、纺织、皮革等为代表的传统产业在做出重大经济贡献的同时，也

消耗了大量资源，其排放的废水、废气、废渣造成了浙江省域内的水环境污染、大气污染和固体废弃物污染。这些传统产业发展模式和粗放的生产方式所造成的环境污染已严重制约浙江经济的可持续发展，成为省域内环境治理所必须解决的问题。近年来，随着资源环境约束的凸显，各种要素成本的上升，外贸出口下滑，浙江传统产业面临严峻的挑战。为此，浙江省提出传统污染行业转型升级，以推动环境治理和经济可持续发展。

1.以信息化带动工业化，用“两化”融合提升传统产业

浙江省主要从产业集群、重点行业和企业三大层面，实施工业化与信息化“两化”融合工程，深化信息技术在传统产业中的应用，发挥信息技术在产业升级中的“助推器”作用。在产业集群层面，加强共性技术的研发和应用，推广一批具有行业特色的工业软件和信息化解决方案；支持建立信息化服务平台，提供产品设计、质量检测、行业数据库共享等服务；完善信息化基础设施，为产业集群“两化”深度融合提供基础支撑和保障。在重点行业层面，加强行业信息技术推广，推广一批具有行业特色的信息化系统，总结推广印染行业信息化与工业化融合专项行动成功经验，推进装备制造、纺织、轻工等传统产业的“两化”融合，建设一批“两化”融合产业示范基地。在企业层面，围绕产品研发、设计、生产过程控制、企业管理、市场营销、人力资源开发、新型业态培育、企业技术改造等环节，加大信息技术在关键环节的融合渗透，加快企业管理软件的应用普及，促进企业信息资源的开发和应用，积极发展企业电子商务，提升企业管理效率和管理水平；通过网络平台建立实时交易动态观测系统，为相关企业提供最新的消费信息，帮助企业及时把握产品销售趋势，使产品设计更加符合市场需求，还为企业提供了新的商业模式，通过提供销售平台、营销、支付、技术等全套服务，帮助企业开拓内销市场、建立品牌。

2.促进高效生态现代农业发展

长期以来，传统农业的发展仅仅囿于农业部门内部，农业发展受到极大局限。随着经济发展，不同产业关联度大大增强，农业不可能按照传统的方式继续发展下去，必须转变发展方式，用现代工业、商业、金融、生态的理念推动农业向现代农业转变。浙江省积极推进现代农业园区和粮食生产功能区建设；借鉴生态理念，大力推广节地、节水、节肥、节药、节种、节能的种养技术，发展低投入、低消耗、低排放、高效益的生态循环农业；推动农村废弃

物再利用，加大农业污染防治力度，加强生态环境保护，变粗放型、污染型农业为资源节约型和环境友好型农业；借鉴现代工业理念，适应大市场的需求，加快现代农业园区建设，大力扶持发展农产品加工和配套型企业，推进农业区域化布局、专业化生产、产业化经营、社会化服务，从根本上解决分散化的小生产与社会化的大市场的矛盾。另外，规模化、产业化生产经营农业是发展现代农业的基本条件：实施农业规模化经营将大幅提升农产品质量档次，有效增加农民收入；农业产业化经营是农村改革开放的产物，随着农产品市场化、农业生产专业化的发展，产业化经营已经成为农业农村经济贯彻落实科学发展观、更新发展观念、转变增长方式、创新发展模式的重要路径。

3.促进现代化服务业发展

服务业发展的水平是衡量一个国家和地区现代化程度的重要标志，也是反映地区综合实力的重要内容。浙江省制定出台了促进服务业发展的相关配套政策，确立服务业 11 个重点行业，实施服务业重大项目，推进服务业集聚示范区建设发展；优化服务业发展的市场环境，降低服务业企业出资最低限额，公共部门为本领域能够实行市场化经营的服务行业放宽市场准入、清理进入壁垒；调动各地发展服务业的积极性，鼓励发展服务业尤其是现代服务业，优化财政收入结构，根据各县市营业税目标的完成情况给予奖惩，奖惩资金用于扶持发展现代服务业；实施对工业企业分离发展服务业的鼓励政策，发展面向生产的服务业，促进现代制造业与服务业有机融合、互动发展；优先发展运输业，提升物流的专业化、社会化服务水平。

4.培育战略性新兴产业

战略性新兴产业是新兴科技和新兴产业的深度融合，是经济增长的主动力之一，具有战略引导性、长远性等特征，关系到国民经济发展和产业结构优化升级。浙江省加快培育发展战略性新兴产业，加快推进信息产业、生物产业、高技术服务业等国家和省级高技术产业基地建设。浙江省制定战略性新兴产业培育方案，围绕九大战略性新兴产业，重点发展新一代信息技术、新能源、生物与现代医药、智能装备制造、节能环保产业、海洋新兴产业、新能源汽车、新一代信息技术和物联网产业、新材料产业和核电关联产业等新兴产业；同时为推动九大战略性新兴产业的发展，围绕主导新兴产业设立产业特色鲜明的高新园区，着力打通产业链条，推动新兴产业的垂直整合，设立专项资金用于扶持战略性新兴产业发展和新兴产业领域相关企业的科技创新和人才引进培育。

二、省域内环境治理与产业布局优化

环境污染不但制约经济发展，还影响了居民的正常生活。为遏制环境恶化趋势，浙江省政府将治理雾霾、环境整治纳入重点督办的民生实事，铁腕调整产业结构；对各市、县易造成环境污染的企业进行关停或搬迁，优化省域内的产业布局；对城市建成区内钢铁、石化、化工、有色金属冶炼、水泥、平板玻璃等大气重污染企业实施搬迁改造，推动工业项目向园区集中；城市建成区以内不再新建以生物质为燃料的锅炉厂房，城市建成区以外则鼓励以压缩成型生物质为燃料的锅炉项目建设；坚决遏制产能过剩行业盲目扩张，淘汰落后产能。

1. 调整重污染产业布局

浙江省是石油和化学工业的重点省份，经过多年发展，形成了较大的产业规模和较完善的产业体系。近几年来，浙江省石化工业由于受到环境、资源等方面的限制和国际原油价格的影响，整个产业发展遭遇了前所未有的困境，企业效益出现较大波动。传统精细化工企业曾在浙江省化工发展中起过主要作用，但随着生态文明建设要求的提高，众多小型化工企业的环境污染和资源浪费问题严重日益。在浙江省的石化行业中，精细化工的“三废”产生量远超出其产出规模。此外，石化企业布局不够合理，技术装备水平总体不高，污染减排和环境治理压力越来越大，不少企业还存在安全隐患；受初级石化产业发展滞后影响，行业的整体构架不合理，传统精细化工所占比重偏高，新领域精细化工、新材料制造发展不快等问题突出。为此，浙江省重点发展专业的、大型的骨干石化企业，对规模偏小、产品市场已经饱和的企业进行调整，不支持新办该类企业；同时，利用宁波、镇海等地的资源优势发展石化企业，以镇海炼化 100 万吨每年乙烯工程启动建设为契机，通过产业对接和招商引资，建设大型有机化工原料和合成材料生产装置，并依托港口资源优势，加快宁波石化工业区建设。

2. 实施产业聚集区发展规划

块状经济是浙江经济发展的特色。据统计，2008 年浙江全省销售收入 10 亿元以上的块状经济的销售收入、出口交货值和从业人员分别占全省工业总量的54%、62%和56%。大多传统块状经济以轻工纺织、普通机械加工等劳动密集型产业为主，能耗高，污染多，附加值低，存在明显的层次低、结构散、创新弱、品牌少的低端化倾向。为了改变浙江省现有的产业布局模式，通过政策指导和技术创新加快块状经济向现代产业集群转型升级，提升区域和产业竞争力，浙江省规划建设多个产业集群示范区，淘汰产能落后、污染环境、高能耗的企业，以产业集聚区、开发区为主要依托，建设研发、物流、检测、信息、培训等生产性公共服务平台。

根据《浙江省产业集聚区发展总体规划(2011—2020年)》，为拓展新的发展空间，加快经济发展方式转变，增强综合实力和可持续发展能力，浙江省规划建设十五大产业集聚区，包括杭州大江东产业集聚区、杭州城西科创产业集聚区、宁波杭州湾产业集聚区、宁波梅山国际物流产业集聚区和温州瓯江口产业集聚区、嘉兴现代服务业集聚区、湖州南太湖产业集聚区、绍兴滨海产业集聚区、金华新兴产业集聚区、衢州绿色产业集聚区、舟山海洋产业集聚区、台州湾循环经济产业集聚区、丽水生态产业集聚区、义乌商贸服务业集聚区和温州浙南沿海先进装备产业集聚区。各产业聚集区空间布局分为规划控制区、重点规划区、开发建设区三个层次。按照全省统筹、凸显特色、分类引导的基本要求，各个产业集聚区内根据功能特点，进行功能分区，并制定相应的分区发展导向和管制要求。集聚区内部又划分为产业功能区、城市配套区、生态功能区、预留发展区等基本类型，按照各自特点，提出新的功能区类型。这一举措对于构建现代产业体系、优化生产力布局、建设生态文明等都具有重要意义。

三、省域内环境治理与产业结构调整

任何区域的产业结构都是随着经济发展，特别是技术进步和需求结构变化而不断变化的。产业发展是实现经济持续增长的推动力，也是产生环境污染的主要源头。近年来，伴随着发展理念的转变和对于生态文明建设的日益重视，经济发展不再是区域发展的唯一目的，生态优先方略逐步得到体现。

改革开放以来，浙江省经济建设取得显著成效，成为全国经济增长最快、发展态势最好的省份之一。近几年，浙江经济发展势头开始放缓，主要工业经济指标在全国明显后移，增长速度也比较靠后，这与浙江的产业结构问题有很大关系。浙江粗放型、高消耗、资源依赖型的经济发展方式已经造成环境资源承载能力下降，环境污染严重。加快浙江产业结构调整不仅是减少污染排放、改善环境质量的重要举措，也是推进经济更好更快发展的内在需要。

1. 从产业实际出发调整结构

产业结构调整必须从产业实际和产业特色出发，充分发挥比较优势和结构效益。浙江工业产业结构带有明显的初级阶段特征，初级阶段复杂的收入分配结构决定了消费需求的多层次性和多样性。浙江省按照自身的资源禀赋、资金状况、技术条件和市场基础，主动适应消费需求结构，形成了自己的产业特色。产业结构调整不能唯以高级化为标准，应以市场为导向。浙江省从产业特色出发调整结构，依据产业发展不平衡战略，重点发展优势产业；产业发展不平衡战略要求扬长避短，支持发展符合资源条件的优质产业，限制发展不符合资源条件的劣势产业。浙江省从效率和效益原则出发，确定重点支持的优势产业；对优势产业的成长，在发展规划、资源配置和产业政策实施上倾斜支持，发挥比较优势和竞争优势，并通过市场传导机制的作用，带动产业结构的合理化调整。

2. 产业结构从工业化向现代化转型

产业结构演进的理论和实际经验表明，向现代化转型的产业结构有两个显著特点：一是产业比较优势得到发挥，比较优势产业呈现强劲的发展势头；二是产业结构高度化趋势十分明显，集中表现为第三产业比重的迅速提高、高新技术的广泛吸收应用和高新技术产业的快速发展。浙江省通过广泛吸收先进技术，大力培育和发展产业比较优势，推动产业结构的不断调整和高度化，使得经济持续、稳定、快速发展；重视从宏观上加强指导和政策引导，培育统一的市场体系，在市场机制发挥主导作用的前提下，调整和完善产业结构；积极推进城市化进程，拓展产业发展空间，根据需求结构、产业结构的变动趋势，改善企业的供给结构。

3. 促进生态产业发展

随着社会发展和居民消费观念的改变，绿色消费、生态消费正成为消费领域的新浪潮，随之发展起来的绿色产业、生态产业也正成为国际市场竞争的一个新热点。绿色产业通过自然生态系统形成物流和能量的转化，形成自然生态系统、人工生态系统、产业生态系统之间共生的网络，具有低能耗、低投入、低污染的特点，尽可能把对环境污染物的排放消除在生产过程之中，对于区域环境治理具有重要作用。为促进生态产业的发展，浙江省完善空间开发格局，优化机制，实施主体功能区战略和环境功能区划，划定并严守森林、湿地、物种等生态红线，健全国土空间规划体系，构建科学合理的生产空间、生活空间和生态空间，实行差别化的区域开发管理政策，不断优化区域发展布局。取消重点生态功能区县(市)地区生产总值考核，完善全面改善农村环境体制机制，加大农村土地综合整治力度，加快建设美丽乡村；发展生态产业，把发展生态农业和可持续农业摆在战略地位；抓好以水利为重点的农业基本建设和以林业为重点的生态环境建设，完善农业面源污染减排和治理机制，健全农村生活污水和垃圾处理机制；重视农业的多功能作用，把发展农业与改善生态环境和可持续发展有机地结合起来，使农业除了提供农产品外，在国土保全、水源涵养、自然环境保护等方面都发挥积极作用。

4.淘汰产能过剩产业

消费结构不断升级和工业化、城镇化进程加快，带动了钢铁、水泥、电解铝、汽车等行业的快速发展。但由于经济增长方式粗放，体制机制不完善，这些行业在快速发展过程中出现了盲目投资、低水平扩张、产能过剩等问题。中央政府及时采取宏观调控措施，遏制了部分行业盲目扩张的势头，投资增幅回落，企业兼并重组、关闭破产、淘汰落后生产能力等取得了一定成效。但从总体上看，过度投资所导致的部分行业产能过剩问题仍然没有得到根本解决。钢铁、电解铝、电石、铁合金、焦炭、汽车等行业产能明显过剩；水泥、煤炭、电力、纺织等行业在建规模很大，也存在产能过剩问题。浙江省部分行业也出现了产能过剩问题，给经济和社会发展带来了负面影响，同时也为产业结构调整提供了机遇。浙江省在宏观调控的过程中，积累了产业政策与其他经济政策协调配合的经验，形成了相对完善的市场准入标准体系，其为推进产业结构调整、淘汰落后生产能力提供了一定的制度规范和手段。浙江省加大产业政策执行和监管力度，坚决遏制产能盲目扩张，发挥市场机制作用，完善配套政策，建立化解产能过剩矛盾长效机制，推进产业转型升级。目前，浙江省钢铁、水泥、电解铝、平板玻璃、船舶等产能过剩行业的产能规模得到有效控制，产业布局基本合理，产业结构得到优化，产业集中度明显提高，产能利用率达到合理水平。

第三节　省域内跨行政区域生态环境功能区建设

一、制定全省生态环境整体性规划

生态环境是人类生存和发展的基本条件，保护和建设好生态环境，是实现经济社会可持续发展的迫切要求，也是社会主义现代化建设的重要内容。浙江省从实际出发，统筹考虑陆域生态环境和海洋生态环境，把污染防治、生态保护和生态环境建设结合起来，制定了《浙江省生态环境建设规划》《浙江省环境保护"十二五"规划》《浙江省矿山生态环境保护与治理规划》《浙江省农村生态环境整体性规划》《浙江省水土保持生态修复规划》等多领域、多方位的指导性规划。浙江各地区根据国家及省政府环境保护整体要求，结合各地实际制定了具体规划及实施措施。

（一）规划目标

根据《浙江省生态环境建设规划》内容，浙江省环境保护规划目标分为三个阶段，根据时间分别为近期目标、中期目标和远期目标。

1. 近期目标（2000—2010年）

这一目标期间的主要任务为遏制浙江省内生态环境恶化的趋势，使生态环境质量得到明显改善，保证生态环境质量总体水平保持全国领先地位。同时，人为活动产生新的水土流失状况必须得到有效控制，源头流域治理取得实质性进展。在水资源治理上，提高城市生活污水处理率，八大水系、主要湖泊的水质基本保持良好状态，地下水得以合理开采，地面沉降得到有效控制，建成海洋环境监测预报系统，主要港湾和近海海域水质开始好转。在生态环境方面，促进生物资源恢复，生物多样性得到有效保护，初步建立林业生态体系，建成一批生态示范区和生态市县等。

2. 中期目标（2011—2020年）

在实现近期目标的基础上，2011—2020年浙江省将初步建成符合可持续发展基本要求的生态环境系统，力争使全省生态环境适应基本实现现代化的需要。在水资源治理方面，全省水环境质量明显提高，海水水质基本满足海洋功能区划要求，重点海域实行入海排污总量控制制度。在水土资源治理方面，基本建成比较完备的林业生态体系，人为因素造成的地质灾害基本得到控制，并进一步推进生态市县或生态农业县创建。

3.远期目标(2021—2050年)

在实现中期目标的基础上，2021年—2050年浙江省环境将步入巩固、完善、提高阶段。全省基本建立起适应现代化和可持续发展要求的良性生态环境系统，全省生态环境质量总体上接近发达国家水平。八大水系、城市内河、湖库和近海海域水质满足水功能区划要求，全省可治理的水土流失地区全部得到有效整治，生物多样性得到有效保护，生物资源得到永续利用，全省建立起完善的生态环境预防监测和保护体系，实现生态环境与经济、社会协调发展，同时大幅提高森林覆盖率，全面提高全省自然保护区、风景名胜区和森林公园总面积占陆域总面积的比重，推进生态示范区建设。

(二)主要任务

1.重点改善水环境质量

改善陆地水环境质量是浙江省水资源保护的主要内容。浙江省加强饮用水水源保护工作，完善饮用水水源突发性污染事故应急预案，开展饮用水水源保护区的污染整治工作；加强重点水域环境保护，深入实施跨行政区域河流交接断面水质保护目标管理考核，加快完善流域区域水环境管理工作机制。此外，浙江地处中国东南沿海，拥有丰富而相对集中的港口航道资源、海洋渔业资源、东海油气资源。浙江省把海洋水环境治理作为水污染治理的重要内容，整治临海临江工业污染，提升改造排海企业废水治理设施，集中污水处理厂建设，严格涉海工程环境监管，实施重大涉海工程环境影响评价和后评估，加强海洋产业项目和涉海基础性项目监督管理，完善港口、码头、船舶排放油类、化学品、垃圾及污水的接收和处理设施。

2.全面推进污染减排工程

严格防范环境风险、维护环境安全，是浙江省全面推进污染减排工程的主要目标。浙江省从防治重金属污染、治理固体废弃物污染、监管核设施和放射源、防范危险化学用品风险、推进持久性有机污染物治理等方面开展污染减排工作，加快建设污水处理及污泥处置设施、重点行业脱硫脱硝工程，强化农业源污染减排、机动车污染减排，推进重污染高耗能行业整治，调整优化能源结构，严格实行总量准入制度，实施排污许可证制度，强化污染物减排刚性约束，创新污染物总量控制制度，落实主要污染物总量减排任务。

3.生态退耕，防止水土流失

水土保持是关系到社会经济持续发展的重大问题，也是浙江生态省建设的重要内容之一。浙江省以坡耕地退耕还林还草为重点，搞好生态退耕；江河两岸及其他生态脆弱地区的陡坡耕地全部退耕；对陡坡耕地和过度开垦、围垦的地区，有计划、有步骤地退耕还林、还草、还湖；对缓坡耕地采用"坡改梯"和改进耕作技术等措施，减少水土流失。加强对基本农田保护区的监督管理，杜绝取土、建房、挖塘养鱼等破坏基本农田的行为。开展土地整理和复垦，适度开发耕地后备资源。土地整理与村庄改造、小城镇建设、农田水利基本建设和生态环境保护相结合，注重提高耕地质量，改善农业生产条件和生态环境。

4.改善农村生态环境

改善农村生态环境是浙江省现阶段生态文明建设的重要内容之一。《浙江省"十二五"环境保护规划》《浙江省农村生态环境整体性规划》都将改善农村环境、发展生态农业纳入其中。浙江省以建设生态乡村和美丽乡村为契机，全面推进农村环境连片整治，因地制宜推广污染治理模式，切实改善区域农村整体环境；治理农村生活污染，推进分散处理和集中处理相结合的农村生活污水处理方式，建设农村污水处理设施和配套收集管网，整治农家乐污染；防治农业污染，实施"肥药双控"工程，推广节肥、节药和农田污染最佳综合管理措施等先进适用技术，防止农田废弃物污染。

二、建设全省生态环境功能区

浙江省属亚热带季风气候区，光照充足，雨量充沛，温暖湿润。全省土地资源类型多样，地貌复杂，构成了以平原、丘陵、山地和海岛为主的四大自然生态系统类型。气候的南北过渡性和地貌的东西转折使浙江省自然资源、生态环境具有多样性、区域性和过渡性等特征。平原主要分布在东部沿海，占陆域面积的23.2%。丘陵山地主要分布在西部，占陆域面积的70.4%。海岛主要分布在东部海域。沿海平原工农业生产和社会经济比较发达，生态环境污染也日趋严重。西部丘陵山区地形地貌复杂多变，局部气候差异明显，生态环境较为脆弱。海岛淡水资源缺乏，森林覆盖率低，易受风暴潮等灾害危害。根据浙江自然地理特性、生态环境质量、自然灾害状况和环境治理能力等因素，参照浙江土地、农业、林业、水利、矿产资源、环境保护和经济社会发展水平等特点，浙江省划分为6个生态区：

（一）浙东北水网平原生态区

该生态区域包括杭州市、嘉兴市、湖州市、宁波市、绍兴市的20多个县（市、区），含钱塘江河口生态亚区、宁绍平原城镇及农业生态亚区和杭嘉湖平原城镇及农业生态亚区，是浙江省最大的平原区。该区平原地势低平，海拔多在10米以下，分布有少量海拔在200米以下的孤丘和丘陵。区内湖泊众多，水网密布，有"水乡泽国"之称，其主导生态功能为城镇密集的生态经济区，同时兼有泄水排涝和湿地的功能。

这一区域主要生态问题有：工业废水、生活污水和农业面源污染导致水环境破坏；地下水超量开采导致地面沉降；洪涝、渍害和酸雨比较严重。这一生态区域生态环境建设主要内容包括：调整优化工业结构和布局，建设先进制造业基地，这一生态区域发展高新技术产业和现代服务业，推进城市化和农业、农村现代化；加大水污染综合治理和河口治理力度，净化河湖水体，控制并逐步减少地下水超采，优化水资源配置；保护古文化遗址和湿地资源；发展生态农业和生态旅游业，建设绿色食品和有机食品基地，搞好基本农田建设和农区林网建设。

（二）浙西北山地丘陵生态区

该生态区域包括湖州市、杭州市、衢州市、金华市、绍兴市的近20个县（市、区），含天目山脉森林生态亚区，千岛湖流域森林、湿地生态亚区和钱塘江中游森林生态亚区。天目山脉和千里岗山脉展布全区，中山环绕，山高坡陡，河谷深。天目山国家级自然保护区被纳入联合国"人与生物圈"计划。该区域的主要水系有钱塘江水系的富春江、新安江、分水江和太湖水系的东苕溪、西苕溪。该区域是杭嘉湖地区水源供给地和浙北地区重要的生态屏障，也是浙江省生态环境较好的地区和"黄金旅游"之地。该区域的主导生态功能为保持和提高源头径流能力与水源涵养能力，保护生物多样性和保持水土。

该区域主要生态问题有：山溪性河流落差大，蓄水能力差，易使下游发生洪涝灾害；局部地区水土流失较重，滑坡灾害多发。这一生态区域生态环境建设主要内容包括：搞好退耕还林、封山育林，建设水源涵养林；开展小流域综合治理，保护千岛湖水质，加强重要生态功能区保护与建设；鼓励该区域内居民下山脱贫和外迁内聚，积极发展生态工业、生态农业，倡导生态旅游。

（三）浙中丘陵盆地生态区

该生态区域包括绍兴市、金华市、台州市、宁波市、衢州市的近30个县（市、区），是浙江省最大的丘陵、盆地集中分布区，含浙中丘陵农业生态亚区和金衢盆地城镇及农业生态亚区。该区域有钱塘江水系的衢江、金华江、浦阳江、曹娥江等，椒江水系，甬江水系的奉化江等。区内丘陵起伏平缓，底部开阔，由河谷中部向南北两侧呈阶梯状分布。该区域是浙江省农业、林果业和畜牧业商品基地，其主导生态功能是保持水土、涵养水源、保护生物多样性。

该区域主要生态问题有：水土流失严重，东阳江、浦阳江和曹娥江下游污染较重。这一生态区域生态环境建设主要内容包括：提高森林覆盖率和水源涵养能力，建立水系源头等重要生态功能保护区，加强小流域综合治理和水土流失治理；搞好水库配套工程、农田灌溉设施和标准防洪堤建设，增强防洪抗旱能力；实施“沃土工程”，合理开发后备土地资源，建设以农林牧复合经营为重点的生态农业；积极发展生态工业，大力推进城市化。

（四）浙西南山地生态区

该生态区域包括衢州市、金华市、丽水市、台州市、温州市的近30个县（市、区），含乌溪江流域农林生态亚区、瓯江流域森林生态亚区和飞云江流域森林生态亚区，是浙江省山地面积最大、海拔最高的一个山区，为瓯江、飞云江、鳌江等水系的发源地，也是钱塘江支流乌溪江、江山江、武义江的发源地。该区域是我省的主要林业基地，也是我国最大的食用菌生产基地，并拥有为数众多的名贵动植物资源。该区域的主导生态功能为保护生物多样性，保持和提高源头径流能力和水源涵养能力，保持水土。

该区域主要生态问题有：山高水短流急，自然蓄水能力较差，洪涝、干旱和山体滑坡等突发性灾害频发；一些地方食用菌的不当发展，破坏了阔叶林资源，森林生态功能减弱；坡地、陡坡地过度开发，水土流失较为严重。这一生态区域生态环境建设主要内容包括：提高针阔混交和常绿阔叶林比重，建设生态公益林,加强水系源头水源涵养和生物多样性保护;加快速生菇木林的营造,调整农林牧业生产结构;建设一批骨干水利工程,搞好流域综合治理,提高抗灾能力;发展生态旅游和生态农业,合理开发山区水电资源;鼓励这一生态区域内的居民下山脱贫和外迁内聚,培育新的经济增长点。

(五)浙东沿海及近岸生态区

该生态区域包括温州市、台州市和宁波市的近20个县(市、区),含浙东沿海城镇及农业生态亚区和浙东滨海湿地生态亚区。该区域地势低平,海拔多在300米以下,有温瑞平原和温黄平原,有甬江、椒江、瓯江、飞云江和鳌江五大入海河流的河口和象山湾、三门湾、乐清湾,滩涂资源比较丰富。该区域南部有我国最北的红树林分布点,北部杭州湾两岸的湿地是大量候鸟迁徙的中途栖息地,是浙江省加工制造业和农林、水产等的重点产区。该区域的主导生态功能为保护生物多样性,维护河口、港湾生态环境和发展生态经济。

这一区域主要生态问题有:水环境污染较严重,湿地减少,生物多样性指数下降,丘陵坡地过度开发使水土流失较为严重,入海陆源污染物增加和不合理的开发建设威胁河口、港湾及海洋生态环境。这一生态区域生态环境建设主要内容包括:调整优化工业结构和布局,加快工业园区生态化改造,加强污染的综合治理,削减二氧化硫和污水排放总量;控制农业面源污染,建设沿海防护林带、农区防护网和城镇公共绿地;加强各入海河口的综合整治和滩涂、港湾的合理开发利用,协调好城市建设、工业发展与湿地保护的关系;发展生态农业、生态工业和生态旅游业。

(六)浙东近海及岛屿生态区

该生态区域包括舟山市、台州市和温州市的6个海岛县(区)在内的所有海域和岛屿,含浙东北海洋生态亚区和浙东南海洋生态亚区。该区域海岛礁石众多,形成我国最大的舟山渔场。南麂列岛国家级海洋自然保护区被纳入联合国“人与生物圈”计划。区域内港口航道资源得天独厚,海洋渔业和海洋旅游资源丰富。该区域主导生态功能是保护生物多样性和发展海洋生态经济。

该区域主要生态问题有:岸海域污染加重,赤潮频繁发生;海洋生物资源特别是经济鱼类资源严重衰退;淡水资源短缺;台风、暴潮灾害时有发生。

这一生态区域生态环境建设主要内容包括：加大入海污染物的控制和治理力度，建设标准海塘和海岸防护林体系；加强海域的合理开发利用与保护，发展港口航运业、船舶修造业、生态渔业、生态旅游和新兴海洋产业；建立海洋生态特别保护区，严格执行休渔期、禁渔区制度，加大放流增殖，建设人工鱼礁，推进渔业农牧化；加快水利设施建设，增加供蓄水能力；推进重点海岛的基础设施建设，改善海洋经济发展环境。

三、建设全省生态环境重点工程

针对浙江省生态环境存在的主要问题及改善生态环境的主攻方向，坚持重点优先、整体效益、长短结合、典型示范、统筹规划等原则，根据《浙江省生态环境建设规划》，浙江省确定了十一项重点实施建设的生态环境工程。

一是生态公益林工程。该工程将建设包括沿海防护林工程和太湖流域防护林工程，以及钱塘江、苕溪、甬江、椒江、瓯江、飞云江、鳌江七大水系源头、干支流两侧和全省 110 余座大中型水库周围的生态保护区工程。

二是退耕还林和坡耕地治理工程。该工程将对 25 度以上坡耕地有计划地实施退耕还林还草。对 25 度以下坡耕地积极推行“坡改梯”，通过土地平整、建设排灌工程等措施，防止水土流失，提高土地生产力。

三是水土流失治理工程。该工程将建设包括钱塘江中上游、瓯江、椒江、太湖流域杭嘉湖地区水土保持工程，浙东南山地坡耕地治理工程，浙西南山区地质灾害防治工程及小流域治理示范工程。以植树造林、封山育林等生物措施为主要手段，治理水土流失面积 5200 平方千米，每年减少水土流失量 110 万吨。

四是城市污水处理工程。该工程将以杭嘉湖、萧宁绍、温黄和温瑞等水网平原为重点，加大水污染综合治理力度，加强城市生活污水的控制和治理。

五是红黄壤综合治理工程。该工程将通过改土培肥、山地绿化、农田水利建设，采用节水灌溉工程措施，改善红黄壤土壤肥力。

六是生态试点示范工程。该工程将建设湖州、丽水、台州、温州、金华、杭州、嘉兴、绍兴、宁波等市的 26 个省级生态农业示范县；建设丽水、临安、泰顺、绍兴、磐安、开化、安吉、宁海、桐乡、平湖、诸暨、玉环、嵊泗等 13 个国家级生态示范区；建设东阳、温岭等一批生态市县；建设 10 个省级生态农业试点县，5 个海洋开发“蓝色工程”示范区。

七是生物多样性保护工程。该工程将实施野生动植物及栖息地保护工程、天目山和南麂岛自然保护区“人与生物圈”示范工程。

八是骨干水利工程。该工程包括“一湖、二塘、十八库”等骨干控制性工程和城镇防洪、农田水利工程等在内的近中期水利建设重点工程。

九是清洁能源工程。该工程将进一步调整优化能源结构，加快大中型水电、抽水蓄能电站和核电站的建设，积极开发利用东海油气田天然气资源；淘汰小火电和落后的水泥普立窑、机立窑，加强对大气污染源的综合治理；在城镇逐步普及液化石油气和管道煤气，规划利用天然气和太阳能；在农村建成薪炭林基地 15 万公顷，新建大中型沼气工程 2.9 万米^3，推广高效省柴节能灶 48 万户。

十是乡镇工业和农业面源污染治理工程。

十一是生态环境动态监测网络工程。

第四节　钱塘江流域水环境协作治理保护

钱塘江是浙江人的“母亲河”。钱塘江水系是浙江的生命线，30％的浙江人生活在该流域。以前很长一段时期，由于钱塘江流域内的一些化工厂、造纸厂、皮革厂、染料厂、养殖场等大规模向江内排污，钱塘江流域水质恶化明显。2004 年 7 月，钱塘江水系首次出现大规模藻类暴发现象，敲响了流域水体富营养化污染临界的警钟。钱塘江流域水污染防治事关全流域居民的切身利益，事关流域经济社会发展大局。

钱塘江是浙江省第一大河，其源头分南北两源。北源为新安江，南源为兰江，南北两源在建德梅城汇合后经杭州入杭州湾。干流有马金溪、常山港、衢江、兰江、新安江、富春江、钱塘江。兰江主要支流有江山港、乌溪江、灵山港、金华江等。新安江段主要支流有寿昌江。建德市梅城镇以下主要支流有分水江、壶源江、浦阳江等。钱塘江流域涉及省内杭州、衢州、金华、绍兴、丽水 5 个设区市，共 22 个县(市、区)。这意味着钱塘江流域的水环境治理与保护必然涉及流域内多个县(市、区)，需要地方政府的合作才能达到治理的目标效果。

一、钱塘江流域水污染治理过程中的地方政府协作

（一）全流域实行“河长制”组织领导机制

钱塘江流域水环境保护工作的规划和实施离不开科学的组织领导。在省级层面，钱塘江流域水污染治理由浙江省人民政府牵头，浙江省环境保护厅负责，省环保厅每年要将钱塘江流域污染整治工作的贯彻执行情况向省政府报告。浙江省结合各地经验和实际情况，制定了以三级“河长制”为主要内容的组织领导模式。“河长制”即由各级党政主要负责人担任“河长”，负责辖区内河流的污染治理。“河长制”是从河流水质改善领导督办制、环保问责制衍生出来的水污染治理制度，目的是保证河流保持河清水洁、岸绿鱼游的良好生态环境。“河长制”是加强水环境整治的一种组织领导机制。首先是加强组织领导，把各级党委、政府、人大、政协四套班子领导动员起来，由领导亲自认领一条河的整治，在治理前线起到带头作用。其次是强化责任，将河流、河段的治理责任追究到某位河长领导，由河长查究相关部门和人员责任，将责任层层落到实处。

钱塘江污水治理作为浙江省“五水共治”的重中之重，于2014年3月正式实施“河长制”工作机制。浙江省政府与钱塘江沿线的5个设区市政府签订协议，要求各地在2014年内基本消除黑臭河、垃圾河，到2017年全流域Ⅰ至Ⅲ类水质断面比例提高到76.6%，地表水省控断面全面消除劣Ⅴ类水质。钱塘江水环境治理的总体要求是：目标高于其他流域，要求严于其他流域，进度快于其他流域，成效好于其他流域，努力把钱塘江水环境治理打造成全省样板。

钱塘江总河长由浙江省副省长担任，有关市、县政府主要或分管负责人任河段长，形成省、市、县三级河长体系，并向镇、乡、村延伸；省环保厅为总河长的联系部门，分别明确总河长和市、县级河段长及联系部门的各项职责。“河长制”工作实行分级考核，由省“河长制”办公室负责考核设区市，各设区市负责考核县（市、区）。考核的重点内容为“河长制”工作开展情况、水环境质量状况、污染物总量减排任务完成情况、“清三河”工作开展情况、重点项目推进情况。采用定期考核、日常抽查和社会监督相结合的方式，考核结果纳入“五水共治”考核和各级生态建设考核体系，并作为对领导班子和

领导干部综合考核评价的重要依据。

同时，浙江省政府要求钱塘江流域内各级政府把流域水环境保护工作列入重要议事日程，制订实施“河长制”工作方案，明确各级河长职责，建立健全“河长制”工作的巡查和例会、信息报告、应急处置、组织协调、指导服务、督查督办、考核激励、宣传教育、全民参与等工作机制，建立明确工作责任、明确进度要求、明确考核办法、明确保障措施、加强督促检查的“四明确一加强”重点项目推进机制。

（二）全流域实行严格的管理制度和管理措施

制度是一切管理的基石和保障，规范管理，制度先行。为加快推进钱塘江流域污染治理，浙江省从治理、激励、公众参与等多方面制定了一系列制度措施，为有效治理钱塘江流域水环境污染提供有力制度保障。

1. 严格实行“三同时”制度

我国《环境保护法》第 26 条规定：“建设项目中防治污染的措施，必须与主体工程同时设计、同时施工、同时投产使用。防治污染的设施必须经原审批环境影响报告书的环保部门验收合格后，该建设项目方可投入生产或者使用。”这一规定在我国环境立法中通称为“三同时”制度。钱塘江流域治理过程中，以水环境污染为主的建设项目必须实行“三同时”的验收原则，对不符合试生产规定的项目不得同意进行试生产。对环保治理设施经监测不能完全符合相应标准的一律限期整改，限期整改时间不得超过 3 个月，验收不合格的一律停产整治。对未按规定同步建设配套的环境保护设施，或未按规定申请竣工环境保护验收即擅自投入生产的项目，一律责令停止生产，依法严肃处理，并对违法企业进行媒体曝光，在违法问题没有整改合格前，不通过企业上市核查，不审批新、改、扩建项目，不授予各类荣誉称号。在对钱塘江流域内行业整治上，浙江省对铅蓄电池、电镀、印染、造纸、制革、化工六大重点行业开展了整治提升工作。整治过程中，环境保护、职业卫生防护、安全生产“三同时”执行不到位的，一律停产整治；结合重污染高耗能行业整治提升，对无环评批文、未经“三同时”验收等存在严重环保违法行为的企业一律责令停产整治，依法从严查处，限期补办相关手续，到期无法取得相关批复的依法予以关停。

2. 严格实行流域环境准入管理制度和环境决策咨询机制

严格实行空间准入、总量准入、项目准入“三位一体”的环境准入制度和专家评价、公众评议"两评结合"的环境决策咨询机制。在全流域开展项目审批的生态规划符合性前置审查，按照优化、重点、限制、禁止的准入原则，强化污染减排、结构调整、保障民生的导向，指导流域内环境项目建设，优化流域开发布局。健全规划环评与项目环评审批联动机制，以环境容量和污染物排放总量来控制流域产业及其规模。严格项目准入关，杜绝资源消耗高、污染排放物大、技术管理水平低、经济效益差的项目及其他不符合环保规范的项目，切实优化环境资源配置。深化环境影响评价体系，建立健全环境风险评价体系，深化公众参与环评监督制度，建立环评审批约谈和项目法人承诺制度。对环境影响评价机构资质进行严格管理，构建专业化环境影响评价评审专家团队，规范建设项目环境影响评价机构的从业行为，更好地满足钱塘江污水治理及流域建设项目环境保护管理工作的要求。

3. 严格实行生态环境效益补偿制度

建立健全生态补偿机制，是建设生态文明、实现可持续发展的重要举措。浙江省按照"谁受益、谁补偿，谁破坏、谁恢复"的原则，在省域内实行生态环境效益补偿制度，逐步建立生态环境效益补偿专项资金。浙江省的生态补偿机制包括两个方面。一是建立生态环保财政转移支付制度。2006年浙江省印发了《钱塘江源头地区生态环境保护省级财政专项补助暂行办法》，省财政出资2亿元资金，对钱塘江源头地区10个县(市、区)开展生态环保专项补助试点。2008年的《浙江省生态环保财政转移支付试行办法》将实施范围扩大到八大水系地区45个源头县(市、区)。资金规模从2006年的2亿元增加到2013年的18亿元，逐年增加转移支付额度，有力调动了地方政府加强生态建设和环境保护的积极性。二是积极推进资源环境有偿使用制度。浙江省已陆续实行了水、土地、矿产、森林、海洋、环境等有偿使用制度，不断规范对各种资源费以及排污费的征收和使用管理，并积极探索推进了排污权、水权等市场化交易。

浙江省按照统筹区域协调发展的要求，在加大财政转移支付力度的同时，省级各部门结合自身职能和资源，对重要水源保护区、生态环境功能区和欠发达地区，从政策、技术、人才、项目等各个方面，探索不同类型的扶持模式，促进生态补偿由"输血型"向"造血型"转变，努力实现富裕生态屏障建设。浙江省还鼓励全社会投资主体向生态环境建设投资，组织开展各种形式的公益活动，调动广大群众保护和建设生态环境的积极性。

4.统筹流域内各县市环境工程建设和管理

抓好省生态建设重点工程以及重点县(市、区)生态环境工程对改善省域内的生态环境至关重要。浙江省将关系全省生态环境的重大项目优先列入省重点建设工程,各地各部门在安排年度投资计划时优先给予支持,对生态环境建设的重点县(市、区)和重点工程优先向国家申报支持。浙江省根据省生态环境建设规划所确定的建设重点,结合各本地区、各部门的实际,认真做好建设项目的前期工作,严格执行基本建设程序,按规划立项,抓组织实施和管理,认真进行重点工程的可行性研究和设计,充分做好经济、技术论证,定期对工程建设情况进行检查、考核和评估,确保工程质量。这一系列重点工程在浙江省政府统一领导下,科学谋划、统筹管理,对工程建设任务和责任分解、方案实施、工程进度等设置详细的规章制度,各地方政府在遵守属地管理的同时互相合作、信息共享,共同推进钱塘江流域的污水治理。

5.统筹流域治理资金使用

环境保护的资金投入是钱塘江流域污水治理得以实现的财力保障。2014年至2017年,浙江省投资800多亿元治理钱塘江流域的水污染问题。2014年投资开工的环保项目有735个,涉及工业整治、农业农村治理、基础能力建设、河道整治、生态保护修复、引用水源保护等方面。经过治理,消除了黑臭河、垃圾河等问题。到2017年,钱塘江流域Ⅰ至Ⅲ类水质断面比例提高到76.6%,地表水省控断面全面消除劣Ⅴ类水质。浙江省对钱塘江流域的每一条河流进行地毯式排查,全面掌握河道现状、水质和污染源等情况,并建立重点污染源清单。对于流域内河段污染较为严重的区域,地方政府将进一步加大监管资金投入,严打违规排污企业。

6.治理结果考核的绩效奖惩

自2005年起,浙江省对跨市界河流交接断面水质按年度目标进行考核,并将考核结果纳入生态县(市、区)考核的内容。对治污成绩突出的县(市、区),在安排省级环保资金项目等方面给予倾斜;对不能按期完成工作任务和污染反弹严重的县(市、区),有关部门将暂停在该地区安排国家、省支持的项目,停止审批和核准该地区需增加排污总量的建设项目,直至出境水质达到目标要求。对凡出境水水质不能按水环境功能区要求稳定达标或发生重大环境污染事件的县(市、区),不得授予省级以上生态城市、环境保护模范城市、园林城市、卫生城市、生态示范区等称号，在省级以上文明城市、生态省建设及其他考核中，环境保护评价结论为不合格。

7. 加强流域污染源环境监管

钱塘江流域污染企业的污水、废弃物是流域污染的重要源头之一，对流域污染源进行监管是政府间跨区域合作的重要内容。为了切实强化污染源监管工作保障，浙江省环保厅制定了《关于进一步加强钱塘江流域涉水类重点污染源环境监管工作的意见》。浙江省政府联合杭州、绍兴、金华、衢州、丽水等市政府，形成全流域污染联防联控机制。省政府和地方政府就建立钱塘江流域涉水类污染源清单和污染源信息平台，推进钱塘江流域污染源在线监测系统建设、重点污染源和排污口地理信息系统建设、河流视频监控与数据监测点位监控系统建设等方面达成共识，通力协作。实施严格的环境准入制度和环境标准，全面提升监管水平，加强钱塘江流域环境信息公开，执行更严厉的环境违法犯罪惩处措施。

（三）地方政府协作治理钱塘江流域水污染行动

1. 保护饮用水水源

（1）严格规范饮用水水源

浙江省严格执行国家、省级有关饮用水水源保护的法律法规和管理条例，依法管理所有集中式饮用水水源地。加强集中式饮用水水源保护力度，积极创建并巩固饮用水水源达标区。推进城乡一体化供水，全面开展县以下乡镇、单村、联村集中供水的集中式饮用水水源保护区的划定工作，推进规划水源地及备用水源地建设，坚持大中小结合、蓄引提并举原则，建设城市应急备用水源，有效提高饮用水水源安全保障能力。

（2）加强饮用水水源保护区污染整治与生态保护

浙江省严格落实饮用水水源地管理措施，制定"一湖一策""一库一策""一河一策"的管理制度。重点加强对供水水库水源地的保护，以满足区域用水，保障水源安全。加强饮用水水源保护区内的污染源管理。严禁在保护区内设置排污口；饮用水水源一级保护区内禁止新建、改建、扩建与供水设施和保护水源无关的建设项目，二级保护区内禁止新建、改建、扩建排放污染物的建设项目，准保护区内禁止新建、扩建对水体污染严重的建设项目；严格控制保护区内的各种生产经营、度假、旅游等可能污染饮用水水体的活动，并全面完成饮用水水源保护区内污染企业的关停和搬迁。开展饮用水水源生态安全评估，加强水源地生态保护，加强饮用水水源保护区范围内的水源涵养、水土保持和生态修复，引导饮用水水源保护区范围内的山区农民下山脱贫或生态移民，全面推进水库型饮用水水源地集雨区农村生活污水治理，大幅提高城市集中式饮用水水源地的水质达标率。

(3)完善水质监测体系

浙江省完善饮用水水源地环境监测体系，全面加强常规水质指标监测和全指标监测工作。加强水质指标监测能力建设，重点加强致畸、致癌、致突变物质的监测能力建设，全面完成各设区市藻类监测能力建设。全面推进饮用水水源水质自动监测站和地表水交接断面水质自动监测系统建设，推广建设水质安全在线生物预警系统，形成全天候实时监测的水环境质量监控体系，完成钱塘江流域交接断面水质自动监测站新建项目。加强运维管理，确保系统有效运行并全部与环保部门联网，定期发布饮用水水源地水质监测信息。建立农村饮用水水源地水质常规监测制度，逐步实现对农村饮用水取水、制水、供水水质实施全过程监管。

(4)加强水源地污染事故防范

浙江省加强对饮用水水源地生活污染、工业废水污染、农业面源污染、内源污染、水土流失、库区交通运输隐患、重大自然灾害引发的饮用水污染事故等环境隐患的排查和环境风险防范。对区域内水源分布和工业企业、仓储、运输等风险源分布进行全面调查与评价，建立风险源清单，开展水源地易损性评估。强化污染负荷源头控制，加强饮用水水源汇水区域点源、面源和流动源污染控制，加强工业污染源有毒有害物质的管控以及氨氮、总磷和有机物污染物的防治。

严格对危险化学品运输的监管，在划定、调整危险化学品运输车辆通行区域或者指定剧毒化学品运输车辆线路时避开饮用水水源保护区。在饮用水水源附近的高速公路、主要道路设置隔离设施，防止危险化学品运输事故车辆翻入或事故残液流入饮用水水源地。严格对饮用水水源地上游工业污染源进行监管，进一步加强化学品事故溢流、不可抗因素溢流等风险防范。完善千岛湖、富春江水库、分水江水库等重点湖库的蓝藻“水华”监测与防控体系，出现藻类异常增殖或饮用水水源水质超标时，对可能影响饮用水水源安全的污染源采取限产限排等控制措施。

开展饮用水水源地隔离保护，完成保护区标志牌和界桩设置，实施水岸带湿地保护和恢复工程，对无天然隔离屏障的饮用水水源保护区统一设置物理隔离或生物隔离设施，防止人类活动对水源地的干扰，拦截污染物直接进入水源保护区。设置截水沟、蓄水池、泵站等工程措施，拦截有毒有害物质和污水进入水库水体，有效防范水库集水区突发水污染事件。

(5)建立水源安全预警及应急体系

浙江省开展集中式地表饮用水水源地环境应急管理建设工作，完善应急预案体系，构建环境应急基础设施，建立健全预警应急体系和环境应急救援体系，搭建环境应急物资信息网络，强化示范点应急管理。建设生物预警系统，健全饮用水水源安全预警机制，完善饮用水水源地突发环境污染事件和藻类防控的应急预案；其中，饮用水水源集水区范围内所有生产、使用有毒有害化学品的企业必须全部制定应急预案，建设事故池，配备应急物资。针对突发污染事件的应对和缓解措施进行详细的规定，使其程序化、规范化。建立高效的组织指挥体系，合理的污染事故预防预警机制，规范的应急响应程序、方法和后期处置工作规程等，落实各项环境突发事故应急措施，有效提高环境污染突发事故预警监测和应急处置能力，提高饮用水水源污染事件应急保障水平，确保饮用水水源安全。建立健全应急水资源调配体系，提高水资源应急调配能力。

2. 防治城镇生活污染

(1)建设城镇污水处理厂

推进城镇污水处理设施建设，加快新建、扩建(改建)污水处理厂建设速度。加快钱塘江流域内集镇污水处理设施建设进度：有条件的集镇将生活污水纳入城市污水管网进行处理；离城市较远的集镇因地制宜选择实用、经济、运行管理简单的生活污水处理工艺；在工业企业比较集中的建制镇建设工业废水集中处理厂，统筹处理工业废水和生活污水。全面实施现有城镇污水处理设施的深度处理和升级改造，提升其氮、磷去除效果，流域内所有城镇污水处理厂出水执行一级 A 排放标准，切实提高污水处理效率，增强治污设施环境绩效，全面推进污水处理厂再生水回用工程建设。

(2)推进污泥处置设施建设

推进城市污水厂污泥处置设施建设，要求对所有污水厂污泥进行综合利用。全面建设县以上城市污水处理厂污泥处置设施，基本实现县以上城市污水厂污泥无害化处置，杜绝污泥随意堆放所造成的二次污染。钱塘江流域内的杭州、金华、衢州、诸暨等市县重点完成其辖区内的污泥处置工程，提高设区市本级的污水处理厂污泥无害化处置率。

(3)加强污水处理设施运行管理

加强对污水处理设施进水的监管。对进入城镇污水收集系统的主要排放口特别是重点工业排放口水质水量进行监测，禁止超标污水进入收集管网。严格统一纳管标准，向城镇污水处理设施及配套管网排放污水的排污单位，所排污水必须符合浙江省相关地方标准的要求，严禁酸洗、电镀等特殊行业污染物通过污水处理厂稀释排放。严格按照国家要求，完善污水处理厂中控系统。加强污水处理设施在线监测装置日常维护，强化监管体制创新，逐步推行污水处理厂派驻协管员制度，当地环保部门向污水处理厂派驻协管员，帮助日常运行维护并监督管理。强化污水处理台账规范化管理，制定相应的内部运营管理制度和突发事故应急预案。完善污水处理厂管理人员、技术人员、操作人员的培训、考核、持证上岗制度，全厂管理人员、技术人员和实际操作人员必须经培训后上岗。

3.防治农业农村污染

(1)发展生态循环农业

在钱塘江流域加快建立农牧结合、粮经结合、机艺结合的高效生态循环农业生产经营模式。根据各县市现代农业发展规划、粮食生产功能区和现代农业园区规划，按照生产规模化、产品标准化、经济生态化的要求，积极发展以无公害、绿色、有机农产品为特征的高效生态循环农业，推动农业转型升级。以农业废弃物资源化利用为纽带，建设多业套种、循环种养的现代高效生态循环农业示范园区；开展化肥和农药减量增效、沼气和太阳能利用、节水灌溉、秸秆还田、畜禽粪便资源化利用等循环经济项目，推动现代高效生态农业发展。以提高资源利用效率为核心，以节地、节水、节种、节肥、节药、节能和资源循环利用为重点，推广和发展资源节约型、环境友好型农业建设，推进农业生产的资源利用方式从粗放型向集约型转变。探索生态养殖模式、立体种养模式、种养一体化等各类循环农业模式，培育农业循环经济示范工程。

(2)整治畜禽养殖业污染

调整优化钱塘江流域畜牧业区域布局，严格执行畜禽养殖禁养区、限养区制度，对畜禽养殖区域和总量实行双重控制，清理禁养区内的畜禽养殖点和饮用水水源保护区家禽放养行为，湖库集水区禁养区内各类畜禽养殖场必须关闭或搬迁。对于金华江、东阳江、武义江、南江、浦阳江、富春江等重点超标断面河段的主干流和支流两岸要全面实施“禁养”，严格控制畜禽养殖规模，积极实施集中式畜禽养殖控制工程。加强大中型畜禽场规划管理，控制其发展规模和速度，严格控制区域单位耕地面积畜禽饲养量，对新建畜禽场进行合理选址，限制在环境敏感地带发展畜牧场。加强畜禽养殖环境管理，推行规模化养殖场排污申报登记和排污许可证制度。

强化畜禽养殖污染治理。全面开展存栏生猪规模化养殖场的污染治理，规模化畜禽养殖场应配套建设完善废水和排泄物处理设施，切实加强污染治理设施的运行管理，确保污染物 COD、氨氮、总磷、总氮等指标的达标排放。实现畜禽养殖场排泄物无害化处理与资源化利用，规模化畜禽养殖场粪便综合利用。开展规模以下养殖户的污染整治，因地制宜建设生态畜牧养殖小区，积极引导散养户向养殖小区集中，合理布局散养畜禽，建设畜禽粪便收集处理中心、病死动物及其产品无害化处理中心和商品有机肥加工企业。推广农牧结合、沼气化资源循环利用等畜禽养殖污染生态化治理模式。

(3)防治水产养殖业污染

严格控制水库、湖泊养殖密度，一级饮用水水源保护区内禁止从事人工投饵性鱼类网箱、围网等水产养殖和珍珠养殖，饮用水水源水库库区及其钱塘江上游支流水体禁止从事投饵养殖，集水区内严格限制特种水产养殖；根据水生态系统承载力评估，逐步缩减金华江流域围网养殖面积。推行水产生态养殖模式。发展保水洁水渔业，推广生态循环渔业模式，开展稻鱼共生、稻鱼轮作为主的水域生态种养模式试点。禁止山塘水库、白塔湖、安华水库库区内和浦阳江干流、各支流沿线较近范围内所有水产、珍珠养殖，其他水域养殖实施有限养殖，控制投饲数量。推进“生态型水产养殖塘标准化建设工程”，积极创建万亩高效生态水产养殖基地。

加强渔业养殖污染治理，建设生态种养结合和水产养殖废水排放生物处理试点。对严重污染水体的水产养殖场所进行全面清理、整顿，实施渔业养殖污染治理，优化养殖饵料投放方式，提高饵料利用率，减少水产养殖污染排放；切实加强湖库、河塘和滩涂水产养殖生态环境监管，禁止向水库库区及其上游支流水体投放化肥和动物性饲料;推进特种水产养殖尾水处理,推广池塘循环水养殖技术,对鱼塘换水清淤全面实施湿地、农田土地处理措施,构建形成养殖池塘—湿地系统,减轻水产养殖尾水、污泥对水体的污染。开展水产养殖场废水治理示范基地建设,逐步实现废水达标排放。

(4)防治化肥农药污染

全面实施"化肥减量增效"工程。开展农田地力调查和耕地质量的动态监测,科学划分农田面源污染敏感区和化肥污染重点控制区。积极推广以控制氮、磷流失为主的节肥增效施肥技术和作物专用肥应用。进一步调整优化用肥结构,出台经济激励政策,提倡增积增施有机肥,开发利用优质有机肥料,重点推广配方肥、专用肥、掺混肥等,引导农民科学施肥,减少农田化肥氮磷流失,提高肥料的利用率,降低单位面积化肥施用量。围绕农药减量化、有害生物防控无害化目标,建立农业有害生物综合治理示范体系和农药施用量监控网络,组建植保专业合作社,推进农药减量控害增效示范区建设。推广应用病虫草害综合防治、生物防治和精准施药等技术,引导农民使用生物农药或高效、低毒、低残留农药。

(5)治理农村生活污染

以美丽乡村建设为龙头,开展钱塘江领域村庄环境整治,创建生态村,实施农村环境连片整治,推动农村生活污染源的有效控制。钱塘江流域大部分行政村生活污水集中治理,农村生活垃圾集中收集,无害化卫生厕所普及。以中心村建设为重点,推进村庄环境质量的全面提升,完善生活污水和垃圾收集处理设施。因地制宜采取"纳入城镇管网""就地分片处理"和"湿地处理利用"等方式建设农村污水处理设施和配套收集管网,重点推进超标河段主干流两岸、集中式饮用水水源保护区和人口聚居区域农村生活污水处理。对山区等地区村庄的生活污水,采用集中和分散相结合的方式,应用低成本、易管理的适宜技术进行治理。

加强对"农家乐"旅游点生活污水排放的监管,严格限制饮用水水源保护区、水库库区、钱塘江上游源头一级保护区内"农家乐""渔家乐"旅游点的新建和开发,湖库集水区内所有宾馆、旅游度假村以及"农家乐"饭店必须配备污水处理设施,废水经过处理达标后排放,严格控制各种对水体造成污染的行为。

4.整治重点行业企业污染

(1)整治提升重污染高耗能行业

全面实施《浙江省人民政府关于十二五期间重污染高耗能行业深化整治促进提升的指导意见》,深化钱塘江流域重点行业的污染整治,淘汰高消耗重污染落后产能,提升生产工艺和装备技术水平,实施清洁生产改造,完善治污设施,健全内部管理,从根本上解决重污染高耗能行业的突出环境问题。

(2)整治重点企业污染

加大重点企业污染整治力度,采用高新技术和先进适用技术改造传统工艺,淘汰落后设备、工艺和技术。实施氨氮污染治理、磷化工艺环保型替代技术应用、含氟盐酸使用控制、脱氮技术、造纸行业零排放治理技术等一批先进实用污染防治技术的试点和推广,实现污染物稳定达标排放。对水污染物不能稳定达标、超过许可排放总量、影响集中污水处理厂达标排放的企业,除依法给予处罚外,实施限期治理;对未按要求实施限期治理或逾期未完成治理任务的企业,依法责令停产、关闭。

加强重点环境管理类危险化学品生产和使用企业的清洁生产审核,淘汰技术落后、环境风险高的工艺和产品,鼓励采用无毒或低毒化学原料替代技术。加大有毒有害污染物治理力度,对不符合排放标准的污染治理设施实施改造,提升对有毒有害污染物的处理能力,促进有毒有害污染物与常规污染物协同治理。推进重点企业的废水深度处理,推进工业园区污水集中处理工程建设和提标改造,建立和实施对纳管企业的氨氮、总磷和有毒有害污染物的管控制度,积极推动重点污染行业工艺废水的分质处理,确保污染治理设施稳定运行。

(3)防治重金属污染

规范涉重行业发展,减少重金属排放。规范金华、桐庐等地铜、铅、锌等重金属再生利用产业发展;发展循环经济,推动含重金属固废的减量化和循环利用;规范电镀、制革、照明器具制造、不锈钢制造和金属冶炼等行业的危险废物利用处置行为。全面推进桐庐、富阳、诸暨、武义等重金属重点防控区污染整治。由所在的县(市、区)政府负责组织编制实施重点防控区重金属污染综合防治规划(或实施方案)并报省环保厅备案。加大重点防控区淘汰落后产能及污染治理力度,加快工业污染防治从以末端治理为主向生产全过程控制转变。

加强重金属重点行业污染整治。加大流域内金属表面处理及热处理加工业整治力度，建设电镀园区，对电镀业实行园区化集中管理；加强流域内涉重的化学原料及化学制品制造业污染整治，对流域内含铅蓄电池企业、金属冶炼企业、皮革及其制品企业进行同类整合；重点抓好行业技术装备更新、工艺创新、产品创新等关键环节，推动产业技术进步，促进深化污染整治。鼓励重点防控行业实施园区管理，集中治理重点防控污染物。

(4)规范企业环境管理

健全企业环保制度。重点行业企业必须按要求建立完善的节能环保组织体系、健全的环保规章制度和规范的环保台账系统，配备专职、专业人员负责日常环境管理。推行清洁生产，充分发挥强制性审核的约束作用，合理制定清洁生产审核年度计划，依法对重点耗能耗水企业和重点污染源监控企业实行强制性清洁生产审核，强化公众监督。按国家要求加快实施钢铁、水泥、平板玻璃、煤化工、多晶硅、电解铝、造船等产能过剩行业的清洁生产审核。鼓励、引导其他企业依法实施清洁生产，从源头减少资源消耗和环境污染。开展清洁生产试点示范，推进工业园区、集聚区清洁生产审核和绿色企业(清洁生产先进企业)创建工作，加快推广应用先进适用的清洁生产工艺、技术。

5.防治船舶码头污染

(1)加强码头污染防治

积极统筹航道、港口建设与水生态环境保护的协调发展，加强码头建设的环境影响评价，对码头的垃圾接收处理能力、油污水和洗舱水接收处理能力做出评估和要求，在新建工程中严格落实“三同时”要求。实施杭州钱塘江沿岸码头搬迁工程，关停搬迁三江干流沿岸一级饮用水水源保护区不合条件的码头和采沙场。在湖库旅游客运码头、内河货运码头、渡埠、油码头等船舶集中停泊区域，配置污水、垃圾岸上接收存储设施设备，船舶污水和垃圾收集上岸运至湖库集水区外处置。加强环保、港航、城建、环卫等部门的沟通协调，推进内河船舶含油污水、垃圾清运机制的建立，在船舶密集区的码头或签证站点设立接收站点，做到码头接收的船舶含油污水、垃圾日收日清。

(2)加强船舶污染防治

全面取缔营运挂桨机运输船舶，所有进入内河运输的机动船舶要按标准、规范配备防污染设备，并确保所有防污染设备处于正常工作状态。加强对湖库水上旅游交通船只的管理，严禁向水体中排倒废水、垃圾等。逐步淘汰燃油机动船只，现有船只一律安装油水分离器，增设废油回收点，杜绝跑、滴、漏现象。营运游船艇必须建有配套的环保设施，人粪尿和餐饮污水逐步向入湖“零排放”转变。

（3）防范船舶码头水域风险

推进流域内船舶污染水域风险防范机制的建立，重点抓好船舶水污染事故防控工作。严格对危险化学品运输的监管，对内河航道和运输码头，加强危险化学品运输船舶泄漏、运输车辆翻入内河、泄漏残液流入内河等事故的防范工作。从事危险货物装卸作业的码头、泊位，必须符合国家有关安全规范要求。加强危险货物运输船舶的安全监督管理，建立重点水域、主要港区、码头（特别是危险品码头）的监控系统，逐步建成危险品船舶的申报、动态监控网络，实现重点水域、重点危险品港口码头、重点船舶全面监控。

6.保护修复流域生态

（1）推进城乡河道综合整治

推进“万里清水河道”工程，实施清水河道建设，坚持建管并重，按照“建设一段，保洁一段”的管理思路，建立完善“政府主导、部门配合、市场运作、群众参与”的保洁管理机制，切实加强河道保洁管理。杭州市以基础设施建设和河道整治为突破口，实施河道整治、引水配水、生态修复、科学监管措施，消除河道黑臭，逐年改善内河水质，消除劣Ⅴ类水质。金华市加强以“治理污染、改善水质”为重点的小流域环境污染整治，以“清淤疏浚、维持水文、水生态修复”为重点的平原河网整治，加强梅溪、厚大溪、白沙溪等河流治理。

推进农村沟河塘综合整治工程，加快实施钱塘江流域农田连片河段清淤疏浚工程。采取集中投入、连片推进的方针，以农村居住区河沟池塘污染整治为重点，做好清淤、河岸绿化，清除河沟池塘漂浮物、沉积物、障碍物等，恢复河沟池塘自然生态功能，提高水体自净能力。建立河道长效保洁管理制度，加大河道保洁力度，巩固清水河道建设成果。严格执行水域面积“占补平衡”制度，禁止随意填埋水域或改变水域功能。科学调度水资源，修复改善河道生态，提高河流的自净能力。

进行生态清淤疏浚，采用生态、环保的方式和施工技术对流域内湖库清淤和河道疏浚，提高水体自净能力，预防湖库蓝藻水华事件。进行污染底泥的分布及总量调查，控制清淤深度，清除表层污染严重的游离淤泥，防止破坏底泥生态系统；合理堆放清除的淤泥并实施资源化利用，余水处理应当符合环保要求，防止次生污染。

(2)开展湖库水生态修复

加强湖库源头水源涵养林、湖荡湿地、湖滨带生态系统的保护，维护和修复水域生态功能。制定实施有针对性的水环境保护和水生态系统修复规划，加强湖库生态环境安全的科学研究。建设千岛湖水生态观测站。进行流域内重点湖库生物资源调查和生态安全评估，系统了解水生生物群落构成、湖库的生态环境条件及其发展趋势，制定实施有针对性的水环境保护和水生态系统修复规划，做到“一湖一策”。

钱塘江流域内主要饮用水水源水库和其他重要湖库的入湖库河口要因地制宜进行综合治理，通过全面修复建设前置库或湿地处理系统，有效降低入湖库氮磷总量；湖滨带要全面退田还湖或开展生态修复，并采取生物调控措施，修复水域生态系统，提高水体自身净化调节功能。

对全流域湿地资源进行调查与监测，建立健全湿地保护管理机制，编制千岛湖、西湖等重要生态功能区专项保护规划，对生态功能遭到不同程度破坏的滨水带，实施湿地恢复、河湖岸线治理与重建和科学配置植物等措施来改善生态功能，有效遏制湿地面积萎缩和功能退化趋势。科学开发和保护湿地，建立生态净化系统，恢复乡土植被，实现湿地水体与外界水体适量交换，充分发挥湿地的自净功能，维护湿地水环境功能。

(3)加大森林生态建设力度

加强钱塘江流域源头地区、自然保护区、饮用水水源保护区的森林保护，建设构筑功能完备的山地、河流、城市、乡村一体的浙西南绿色生态屏障。加强钱江源、千岛湖等国家和省级森林公园及自然保护区的规范化管理，促进生物多样性保护。推进森林扩面提质，加强生态公益林、重点防护林建设，优化生态公益林布局，扩大钱塘江流域源头地区生态公益林面积，提高生态公益林建设质量；加强中幼林抚育和阔叶化改造，优化林分结构，改善山地丘陵区植被质量，增强森林固土护坡、涵养水源、调节径流等功能。推进平原绿化，扩大平原地区林木覆盖面积，形成平原农区与城镇防护林、山地丘陵防护林相结合的综合防护林体系。加快建成衢州市国家森林城市及一批省级森林城市(城镇)、省级森林村庄。

(4)加强水土流失防治

推进以生态清洁型小流域建设为主要载体的水土流失治理,加强流域内水土流失重点防治区的划定、公告和监督管理,强化开发建设项目水土流失预防监督,构建钱塘江领域科学完善的水土流失防治体系。根据流域水土流失特点,综合运用改坡、护岸、植草、退耕还林和建设水保林等工程和生物措施,大力推进小流域水土流失治理。加强饮用水水源湖库上游地区的水土保持工作;面向湖库坡度为20度以上、其他坡度为25度以上的山体实现退耕还林。严格执行河道采砂许可制度,湖库集水区内禁止采砂、采石、挖沙等活动。做好水土流失生态修复试点和水土保持示范项目。加强坡耕地和丘陵地区开发过程中的水土流失防治。加强钱塘江流域水土保持监督管理,在水土流失面积较大的衢州市,构建水土流失面积数据库,开发建设项目水土保持数据库和水土保持综合办公平台,以水文监测站为依托,初步建成水土流失监测卡口站和监测点。

二、深化地方政府治理钱江塘流域水污染的协作

(一)地方政府协作治理钱塘江流域水污染取得的主要成效

数十年来,钱塘江流域内各地方政府通力协作治理流域水污染,取得了显著治污成效。

1.流域总体水质为优并基本保持稳定

从2010年以来,钱塘江流域总体水质就开始呈现好转趋势,到2015年钱塘江就已经基本上消除了劣Ⅴ类和Ⅴ类水体。根据浙江省环境保护厅2017年12月发布的《钱塘江流域水环境治理情况通报》,2017年钱塘江总体水质状况为优。衢州、金华、杭州3个地级以上城市集中式饮用水水源监测显示水质均达到年度考核目标要求;入海河流断面杭州七堡监测点水质为Ⅱ类;47个省控断面水质均为Ⅰ至Ⅲ类,均满足功能要求。

2.流域重点污染源治理成效显著

浙江省铁腕治理钱塘江流域内的水环境污染。流域内各地积极采取技术改造、关停并转、增添治污设施等措施加大工业防治力度,突出省级环保重点监管区和流域内的氨氮、总磷等重点排放企业的污染整治。截至2007

年年底，钱塘江流域饮用水水源一、二级保护区内的排污口全部拆除，影响饮用水水源保护的建设项目全部禁止。在钱塘江流域率先全面开展氨氮重点排放企业的污染整治。整治后，省控的27家氨氮重点排放企业，氨氮排放总量从16700吨每年降到4100吨每年，削减了75.1%；省控的17家磷重点排放企业，总磷排放总量从460吨每年下降到240吨每年，削减了46.5%。各地强化整治造纸、化工、建材等行业和重点污染源。近几年，钱塘江流域每年完成400多个工业污染源治理项目，加大对非法排污企业的查处力度。

3.流域内实现产业转型升级

钱塘江流域从严控制化工、医药、制革、印染等重污染项目建设，对流域内的产业结构和产业布局进行大规模调整，优先发展高新技术产业和其他低污染产业，运用先进适用技术改造提升现有产业，推进产业转型升级，逐步形成以高新技术产业为先导、以先进制造业为支撑、现代服务业和高效生态农业全面发展的格局。在流域内大力发展信息、生物、新材料、新能源产业，培育具有竞争优势的高新技术产业群，推动了高新技术产业集聚发展。发展高效生态农业，建设绿色、无公害农产品、森林食品以及有机食品优势产业带。

4.流域内城镇环保基础设施建设取得突破性进展。

流域各级政府加大资金投入，加快环保工程建设进度，加强环保设施运行监管，环保基础设施建设上新台阶。流域内污水处理设施实现了建制镇全覆盖，建立完善主要污染物总量指标量化管理、企业刷卡排污总量控制、排污权有偿使用和交易等5项制度。

5.全流域环境监管能力明显提高

2007年年底，钱塘江流域主要县界交接断面的24个水质自动监测站就已经全部建成；占排污总量90%以上的所有污水处理厂、重点排污企业均已建成在线监测装置；流域内所有市县均按照标准建成环境监测中心。各级政府普遍加强环境事故应急能力建设，应急预案体系健全。各地加强环保机构建设，建立了适应环保形势发展的监督管理机构和环境执法队伍，在中心镇设立基层环保派出所，基层环保执法力量明显加强。环境监察队伍在交通、通信和取证手段上不断更新，环境监测能力提高。各地方政府根据重点污染源清单，逐步完善信息平台上相关企业的生产结构、排污类型和总量等各项信息，实现流域内上下游、干支流之间的环境监管信息共享，形成全流域污染联防联控机制。

6.全流域生态环境质量明显提升

《2017年浙江省环境状况公报》显示，2016年浙江全省生态环境状况等级为优。全省单位GDP能耗较2015年下降3.7%；全省水质达到或优于地表水环境质量Ⅲ类水标准的省控断面占82.4%；跨行政区域河流交接断面水质达标率为90.3%；县级以上集中式饮用水水源地个数达标率为93.4%；县级以上城市日空气质量优良天数比例平均为90.0%，PM2.5平均浓度为35微克每立方米。钱塘江流域推进饮用水水源地森林资源保护、湿地湖泊生态环境保护、水环境的生物修复保护，提高水体自身净化调节功能；重视流域农村环境保护，流域内农村突出的环境污染问题得到了有效解决。

（二）地方政府治理钱江塘流域水污染过程中存在的协作困境

尽管地方政府协作治理钱塘江流域水污染取得了显著成效，但政府间在协作治污上仍然存在诸多问题。

1.跨行政区域综合协调治理机制须进一步健全完善

钱塘江流域的行政区域跨度很大，很多地方都存在不同程度的跨界污染纠纷问题，如金华与杭州、义乌与浦江、浦江与诸暨、永康与东阳、永康与武义、东阳与义乌、义乌与金华等，各地各自为政，缺乏必要的沟通和协调，缺乏有效的协调协作机制，区域之间水资源利用和水环境保护的重大问题得不到及时协调处理。

2.跨行政区域地方政府间协作治理的软硬条件不完善

地方政府间协作治理流域水污染依赖于完善的水利基础设施、完善的治污设施建设，以及企业排污设施的支持。由于各行政区客观条件不同，环保设施的建设并不统一。在相对落后的上游地区，由于财政压力等原因，水污染治理所要求的配套设施建设不充分，使得地方政府之间的治污协作难以有效开展，影响了协作治理效果。地方政府之间缺乏正式、充分的环境信息沟通渠道，也影响了合作效率。由于部门分割的原因和部门权限不同，流域管理机构在具体问题上多与省级主管部门进行信息交流，而与地方政府的相关部门之间缺乏正式的信息交流渠道。流域管理机构与地方政府，以及平行的地方政府之间在流域水污染问题上信息沟通的不顺畅，直接影响政府间合作的效率。

3.跨行政区域地方政府间协作治理的深层问题有待解决

最近几年，浙江省大力推行的生态补偿机制、水资源有偿使用和排污权交易机制，但这些制度措施大多还局限于单一行政区域内部，有待进一步完善。协作治理水污染结果的不可预期性加大了地方政府之间深层次合作的难度。协作所能带来的效益是各地方政府主动积极地相互合作的诱因。在钱塘江流域水污染治理中，合作带来的效益和治理所付出的成本难以清晰预见，或者并不对等。例如，在调整产业结构方面，某一地方政府首先限制可能带来污染的产业发展，但限制这一产业所带来的经济损失由谁承担是一个现实问题。产业结构调整所带来的收益能否填补治理流域水污染投入的成本、政府间协作治理水污染的利益如何分配等问题都客观存在。这类问题若得不到解决，地方政府协作治理流域水污染的积极性就会受到极大影响，地方政府间深层合作的困难就会增加。

4.地方政府对流域水环境保护合作有间隙

在宏观层面上，统一的流域管理机构对流域水污染的治理问题做出决策、整体规划、指导以及协调监督工作，但是各项治理工作的具体落实仍必须依靠各地方政府的行政力量。现有的行政区划在事实上导致了流域范围内多个决策中心的存在，多方行政力量的利益矛盾限制了水污染治理区域合作关系的整合。流域内各行政区各行其是、各自为政的现象仍然存在，这直接导致在流域出现具体问题或发生突发事件时，地方政府之间出现互相推卸责任的现象。

5.地方政府职能转变滞后

受市场经济体制的利益驱动，长期以来地区经济增长是政府绩效考核的主要指标。以经济增长为核心的考核指标产生了巨大的激励作用和增长效应，强化了地方干部谋求地方经济利益最大化的动机，也导致了地方政府强化保护本地区利益、局部利益，只顾短期利益和眼前利益，使得流域水污染治理的协作治理举步维艰。因此，“唯政绩”考核体系阻碍了地方政府之间协作治理的顺利开展。在地区经济发展上，地方政府过度追求利益往往使得政府与企业之间陷入一种困境：一方面，地方政府依靠企业纳税获得税收，发展地方经济；另一方面，污染企业发展与区域环境污染治理的目标相背离。地方政府对本地税收企业的污染行为“睁一只眼闭一只眼”的不作为以及在一些公共环境服务方面的缺位，都不可避免地阻碍了流域内地方政府之间的合作。

(三)深化地方政府治理钱塘江流域水污染的合作

政府间的合作机制是否有效运转，取决于能否建构良好的制度环境、合理的组织安排以及完善的合作规则。当前在制度、组织、法律等方面的缺陷必然导致政府协作治理钱塘江流域水污染过程中的矛盾，影响政府协作治理的深化。

1.加强流域内地方政府间治理水污染的合作

国内外多地的流域水污染治理实践表明，先进的环保设施和治理技术只是污染治理成功的部分因素，而地方政府间的持续合作理念才是治理的关键所在。这一合作理念引导流域内的地方政府不以各个污染源为单位制定污染防治措施，不仅关注自身辖区的环境状况，而且在地方政府的主导下加大全流域水环境整治的力度，从而构建跨流域的地方政府合作的防治水污染网络。尽管钱塘江流域各地在自然条件、产业结构、经济发展水平等方面各具特色，但在水污染治理上具有共性问题和共同目标，各地方政府对流域的可持续发展具有相同认识。因此，在钱塘江流域水环境治理过程中，要进一步加强流域内各地方政府之间水污染治理的合作力度，以共同改善整个流域的生态环境为目标，形成符合统一治理规划、具有共同治理目标的跨区域治理网络体系。

2.完善流域协作治理的法律法规

法律法规是实现流域水环境治理的主体合法性与治理活动有效性的重要保障，组织机构是流域水污染协作治理的组织保障。流域水污染治理的法制建设滞后导致了流域治理过程中的标准、要求不统一，不同行政区可能依据地区特色和利益设计不同的标准进行治理。这些具有差异性的标准往往只考虑当地经济发展的要求和污染治理的成本，很大程度上增加了水污染治理的难度，使得一些地区的水质经多年治理仍无法达到标准要求。因此，要治理好钱塘江流域的水污染，必须完善钱塘江流域治理的法律法规，实现依法治水。

3.平衡流域利益和区域利益之间的关系

跨行政区的水污染治理必然要求发挥相关地方政府之间展开合作，但地方政府间的合作并不意味着将不同政府的利益混为一体，因而必须正视流域利益和区域利益的关系。无论是盲目牺牲某一行政区域的利益，还是过分关注某一行政区域的利益，都将导致政府间合作的无效，无法实现全流域的治理效率和治理目标。在水污染治理过程中，应该充分关注流域居民的利益诉求，完善公众参与治理的渠道，使得流域内的社会公众都能够广泛参与到流域水环境治理过程中。这有利于构建水环境协作治理的区域基础，形成区域利益共同体，较好地整合区域利益，使流域内整体利益以及区域利益在流域治理决策中得到适当平衡，地方政府之间的合作更有效率。

4.构建跨区域水环境治理的多元融资模式

流域水环境治理是一项需要大量资金的工程。各地方政府由于自然条件和财政实力的差异，对污染治理的投入也有差异。资金投入不仅是区域经济社会发展的血液，也是治理社会公共问题的推进力量。流域水环境的治理成本对于经济相对落后地区的财政压力大，财政转移支付虽然在一定程度上能缓解这些区域的财政负担，但流域治理不能仅仅依靠省级财政部门的拨款，必须创新跨区域水环境治理的融资模式，构建全方位、多元化、多层次的融资体系，鼓励和吸引社会资本和外资投向流域污水处理设施项目的建设，发挥市场机制在解决流域水环境治理资金不足问题中的作用。

第四章 浙江省际生态环境协作治理保护

生态环境治理保护是一项复杂的系统工程。由于环境问题具有跨区域、跨流域的自然属性，环境污染的外部性影响突出。特别是在污染无界化的影响下，水污染问题、大气污染问题已经超越区域范围，向周边区域扩散。而且，每一个地区都集中精力于经济建设，都有自己雄心勃勃的经济发展规划，但缺乏环境污染治理的合作意识。应对治理环境污染的区域性难题，需要突破地方行政区划的界限，加强区域之间的合作和协调治理，建立府际环境协作治理制度架构，增强环境污染治理和生态保护的整体性、系统性和有效性。

在环境治理保护中，地方政府间密切协作是确保治理保护取得成效的重要保障。府际协作是实现不同行政区域利益协调，正确处理地方经济发展与跨区域生态环境利益关系，推进生态文明建设的重要举措。为推进府际协作治理保护生态环境，中央政府在政策、法规、制度等方面做了很多努力：2008 年，在国务院机构调整中设立环境保护部，加强环境保护部在环境治理协调中的作用；制定并完善生态环境保护法律法规，制定水、大气污染防治规划，如《重点流域水域污染防治规划（2011－2015 年）》《重点区域大气污染防治“十二五”规划》《京津冀及周边地区落实大气污染防治行动计划实施细则》。2013 年，党的十八届三中全会强调“加快生态文明制度建设”，健全自然资源资产产权制度和用途管制制度；划定生态保护红线；实行资源有偿使用制度和生态补偿制度；改革生态保护管理体制。各地方政府和经济区域也采取相应举措，加强区域生态环境治理和保护的协调，形成相应的合作机制和制度。泛珠三角区域的“9＋2 政府框架协议”为泛珠三角区域环境保护合作提供了基础，各方建立了合作协调机制，建立内地九省区和香港、澳门特别行政区环境保护部门负责人联席会议制度，建立环境保护工作交流和通报制度。2004年6月，江、浙、沪三地政府环保部门在杭州共同发表了《长江三角洲区域环境合作宣言》，通过协调来解决跨区域生态环境问题。东江流域、汉江流域、新安江流域、环太湖区域等为实现环境保护的区域联动而加强合作，提高了流域水态环境保护的执行力和有效性。

生态环境保护在府际协作推动下取得了一定成效。环境保护部出台实施《水污染防治行动计划》，制定落实目标责任书，将任务分解落实到各省(区、市)1940个考核断面，建立全国及重点区域水污染防治协作机制。全国地表水质状况得到改善。依据环境保护部公布的《中国环境状况公报》，自2010年以后，全国水体整体上为"轻度污染"；此前，2004—2009年为"中度污染"。2015年，全国967个地表水国控断面(点位)开展了水质监测，Ⅰ至Ⅲ类、Ⅳ至Ⅴ类和劣Ⅴ类水质断面分别占64.5%、26.7%和8.8%。同时，我国深入实施《大气污染防治行动计划》。2015年，全国城市空气质量总体趋好，首批实施新环境空气质量标准的74个城市细颗粒物平均浓度比2014年下降14.1%。中央财政安排大气污染防治专项资金106亿元，支持京津冀及周边地区、长三角、珠三角等重点区域开展大气污染治理。土壤污染和水土流失状况有所好转，固体废物、光化学、噪音、辐射等检测结果也均低于以往的检测数据，环境整体质量得到改善。

府际环境协作治理在取得成绩的同时也面临巨大挑战。由于我国幅员广阔，各地区发展不平衡，即使是相邻区域经济发展水平也有高低。受片面政绩观的驱使，部分官员依旧以单纯追求GDP增长为发展导向，不重视生态环境保护。地方政府根据本地区发展规划，希望得到最大的资源支持，形成了区域环境治理的利益博弈，对于有限生态环境资源的争夺，地区之间产生矛盾和不合作现象。因此，解决跨行政区域环境问题特别是日益突出的跨区域水污染、大气污染问题，必须探索适合跨区域环境治理的模式。浙江省不断探索省际生态环境协作治理方法，在中央政府支持下，在新安江流域、环太湖地区开展水生态环境协作治理，积极参与长三角区域大气污染联防联治，形成了具有借鉴意义的省际生态环境治理保护模式，为建设美丽浙江、实现美丽中国愿景发挥了重要推进作用。

第一节　浙皖两省新安江流域横向生态补偿机制

新安江发源于安徽省黄山市休宁县境内，流经浙江省淳安县、建德市，与兰江汇合后进入富春江段，往东北方向流入钱塘江，是钱塘江的正源，干流长373千米，流域面积1.1万多平方千米，是千岛湖的重要水源。新安江的名称源于安徽省祁门县西55千米处的新安山。在山水灵秀的新安江流域，有名满天下的黄山风景区，世界文化遗产地西递、宏村，四大道教圣地齐云山等一系列风景名胜地。1959年，国家在新安江主流上开工建成新安江水电站，功能以发电为主，兼顾防洪、航运、灌溉、养殖及旅游开发等。由此，新安江流域的山水风貌彻底改变，海拔108米以下皆为水域。1982年，国务院确定"富春江-新安江"风景区为首批国家级风景名胜区。新安江水库碧波万顷，湖中岛屿密布，林木繁茂，有"千岛湖"之称。

浙江省杭州市、安徽省黄山市是新安江流域内的两座城市，为了各自经济发展有过利益博弈。两座城市经济发展水平有一定差异：2015年，杭州市地区生产总值为10053.6亿元，跨入"GDP万亿"城市行列；同年，黄山市地区生产总值为530.9亿元，两市地区生产总值相差很大。为了新安江流域的生态环境保护，必须严控环境污染企业，这样势必会影响位于上游的黄山市的某些经济发展机会。为了协调两市的经济利益关系，早在2005年，浙皖两省就开始了对建立新安江流域生态补偿机制的商谈。2011年，在中央政府牵头下，财政部和环境保护部共同推动浙江省和安徽省开展新安江流域生态补偿试点，在联合下发的《新安江流域水环境补偿试点实施方案》中指出，在监测年度内，新安江流域水环境补偿资金为每年5亿元，其中，中央财政出资3亿元，浙皖两省各出资1亿元。以两省交界处水域的水质为考核标准，上游的安徽提供水质优于基本标准的，由下游的浙江补偿给安徽1亿元，劣于基本标准的，由安徽补偿给浙江1亿元。2012年4月，浙江、安徽两省签订新安江流域水环境补偿协议，标志着首个国家层面的跨省流域水环境补偿试点正式启动。这是全国首个跨省流域的生态补偿机制试点，首轮试点为期三年。2012—2014年，中央及浙皖两省财政共计安排15亿元补助资金，生态补偿试点取得明显成效，流域水质稳中趋好。2014年10

月，财政部、环保部下发《关于明确新安江流域上下游横向补偿试点接续支持政策并下达2015年试点补助资金的通知》。两省在2016年12月签订正式补偿协议。第二轮新安江流域水环境三年补偿资金总共为21亿元，其中，中央资金为9亿元，按4亿元、3亿元、2亿元的退坡方式进行补助，浙皖两省每年补偿资金各增至2亿元。

为了推进新安江流域的生态补偿工作的顺利开展，浙皖两省分别在各自的省域内开展流域综合治理和水环境保护，退耕还林，治理工业污水，整治农业污水，综合整治生活垃圾废水，优化升级产业结构，将高耗能重污染的企业逐步清除出新安江流域范围。截至2017年年底，浙皖两省在安徽省黄山市与浙江省淳安县交界处的新安江流域断面共开展72次联合监测，监测结果均得到浙皖两省双方认可，标志着新安江流域生态补偿工作的顺利实施。

自2012年新安江流域生态补偿试点以来，新安江流域每年的总体水质为优，跨省界街口断面水质达到地表水环境质量标准Ⅱ类，连年达到补偿条件。同时，千岛湖水质营养状态出现拐点，营养状态指数逐步下降，并与新安江上游水质改善趋势保持同步。

一、新安江流域跨省域横向生态补偿机制与运行

流域生态补偿问题涉及经济、生态、环保等多个方面。随着经济发展和环境问题的日益突出，人们对流域生态补偿问题日益重视。

（一）流域生态补偿的基本内涵

人是自然界发展到一定阶段的产物，人与自然的关系应当和谐。马克思在《资本论》中从自然环境资源的成本、使用等方面对资源和环境问题进行了一系列论述，阐述了自然环境资源的有限性。马克思强调“人与自然的和谐”需要通过实践来解决，提出通过人类的生产实践活动才能够达到人与自然和谐的目标。“事实上，我们一天天地学会更正确地理解自然规律，学会认识我们对自然界的习以为常过程所做的干预所引起的较近或较远的后果。”[①]只有创建和谐的社会生态环境，才有可能实现人与自然的和谐共处，

---

① 《马克思恩格斯选集》第1卷，北京：人民出版社，1995年，第81页。

实现全人类的可持续发展。

对于流域生态补偿问题的研究是从生态补偿这个概念开始的。关于生态补偿概念存在着多种不同观点。生态环境的补偿说认为,"环境污染和生态破坏对生产、资源和健康乃至生命财产造成危害,受害者有权要求赔偿"①。生态环境和生态服务提供者的补偿说认为,补偿是相对于损失而言的,是给予上游经济损失地区的经济补偿。国际上将生态补偿视为生态(环境)服务付费(Payment for Ecological Services or Payment for Environmental Services,简称 PES)②,认为生态补偿是生态服务功能受益者对生态服务功能提供者付费的行为。虽然,生态补偿的概念论述有多种,但依照马克思主义的利益指向说,生态补偿是涉及生态受损和受益双方的利益关系行为,是双方利益调整的重要手段,"是通过调整生态环境保护涉及各方环境利益背后的经济利益关系,实现'保护者受益、破坏者受罚、受益者付费'的目标,建立保护生态环境的经济激励机制"③。

河流水环境范围内的生态补偿是流域生态补偿的核心内容。环境保护部环境规划院对以流域水环境质量为基础的生态补偿进行了解释,认为流域生态补偿是指当流域内水资源利用或污染排放能够控制在相应的总量控制或跨界断面的考核标准之内时,如果没有充分利用的水量和环境容量被其他地区占用,产生了正的外部效应,同时流域上游为了给下游地区提供优质的水源而放弃了许多发展机会并增加许多额外的生态与环境保护的投入,那么,下游应该对上游提供的高于基准的水生态服务进行补偿。④

(二)新安江流域生态补偿制度与原则

制度是要求大家共同遵守的规则和行动准则,制度具有普遍约束力。生态补偿制度是新安江流域生态补偿得以运行的关键支撑。流域生态补偿制度就是要构建生态补偿的法律制度体系,为生态补偿提供相应的法律依

---

① 蒋天中、李波:《关于建立农业环境污染和生态破坏补偿法规的探讨》,《农业环境保护》1990 年第 9 期。

② 环境保护部环境规划院:《中国环境政策》(第八卷),北京:中国环境科学出版社,2011 年,第 533 页。

③ 冯东方、任勇等:《我国生态补偿相关政策评述》,《环境保护》2006 年第 10A 期。

④ 环境保护部环境规划院:《中国环境政策》(第八卷),北京:中国环境科学出版社 2011 年,第 533 页。

据、实施规范与程序、制度保障。在法律制度层面,新安江流域的生态补偿运行依据国家颁布的《环境保护法》和《水污染防治法》,要求浙皖两省必须对本省区的管理流域负责,防止污染事故发生。国家与浙皖两省出台了新安江流域水环境保护规章和条例,如《安徽省人民政府与浙江省人民政府关于新安江流域水环境补偿的协议(征求意见稿)》《新安江流域水环境补偿试点实施方案》等,为新安江流域的环境保护提供了必要的依据。依据《新安江流域水环境补偿试点实施方案》,对于新安江生态补偿机制有以下四个原则要求。

1. 保护优先,合理补偿

上游黄山市要妥善处理经济社会发展和环境保护的关系,在发展的过程中充分考虑上下游共同利益,坚持保护优先的原则。下游杭州市充分尊重上游安徽省为保护水环境所付出的努力,并在财政部、环境保护部的组织协调下,对上游安徽省予以合理的资金补偿。

2. 保持水质,力争改善

通过实施上下游省份的合理补偿,推进流域生态环境综合整治,消除流域环境安全隐患,确保水质基本稳定维持现状,并力争有所改善。

3. 地方为主,中央监管

流域上下游省份作为责任主体,建立"环境责任协议制度",通过签订协议明确各自的责任和义务。财政部、环境保护部作为第三方,对协议的编制和签订给予指导,并对协议履行情况实施监管。

4. 监测为据,以补促治

以环境保护部公布的省界断面监测水质为依据,确定流域上下游补偿责任主体,补偿资金专项用于流域水污染防治。

(三)新安江流域生态补偿的实施方式

按照《地表水环境质量标准》(GB3838—2002),以四项指标常年年平均浓度值(2008—2010 年 3 年平均值)为基本限值,测算补偿指数,核算补偿资金。补偿指数测算公式如下:

$$P = K_0 \sum_{i=1}^{4} K_i \frac{C_i}{C_{i0}}$$

其中:P 为街口断面的补偿指数;K_0 为水质稳定系数,考虑降雨径流等自然条件变化因素，K_0 取值 0.85；K_i 为指标权重系数，按四项指标平均，K_i 取值 0.25；C_i 为某项指标的年均浓度值；C_{i0} 为某项指标的基本限值。

若 $P\leqslant 1$，浙江省将 1 亿元资金拨付给安徽省；若 $P>1$，或新安江流域安徽省界内出现重大水污染事故(以环境保护部界定为准)，安徽省将 1 亿元资金拨付给浙江省。第二轮补偿资金按照浙皖两省每年分别为 2 亿元计算。不论何种情况，中央财政资金全部拨付给安徽省。

（四）新安江流域生态补偿的资金管理和使用

新安江流域生态补偿的资金来源主要是纵向出资，由中央财政和地方财政(安徽省和浙江省)共同出资。生态补偿资金专项用于新安江流域产业结构调整和产业布局优化、流域综合治理、水环境保护和水污染治理、生态保护等方面，具体包括：流域生态保护规划编制、环保能力建设、上游地区涵养水源、环境污染综合整治、工业企业污染治理、农村面源污染治理(含规模化畜禽养殖污染治理)、城镇污水处理设施建设、工业经济园区建设补助、关停并转企业补助、生态修复工程及其他污染整治项目等。

二、新安江流域交接断面的水质监管机制

根据国家环保部公布的浙皖两省交接断面鸠坑口国家级水质自动监测站的数据，自新安江生态补偿措施执行以来，新安江流域的整体水环境保护良好，水质稳定。

（一）新安江流域交接断面水质监测方式

为了进一步促进新安江生态补偿机制的顺利开展，完善新安江流域的生态补偿机制，使生态补偿的开展更加合理规范，环保部环境监测总站与浙皖两省制定了共同监测新安江水质的监测方案《新安江流域水环境补偿试点工作联合监测实施方案》(以下简称《方案》)，《方案》指出，新安江水环境的监测采用常规监测和自动监测两种形式，在常规监测方面，将跨界水体新安江街口断面作为监测断面。监测断面具体的位置设置由安徽、浙江省环保部门共同确定设置监测断面标牌。在自动监测上，以鸠坑口国家水质自动监测站为监测站点。监测指标方面，常规和自动监测都将高锰酸盐指数、氨氮、总氮和总磷四项常规监测指标用于计算考核结果。

在交接断面水质监测的具体实施办法上，环境监测总站也进行了明确

说明。《方案》指出，在断面水质监测采样中，安徽、浙江两省监测人员按照双方约定时间（每月第一个工作周的周二），在断面按照采样规范采集水样。样品采集后，若样品中含有沉降性固体（如泥沙等），则在现场沉降 30 分钟后进行分样；若样品清澈，则直接分样（具体由双方采样人员结合采样实际情况商定）。样品分为 3 份，安徽、浙江两省各 1 份，1 份备份保存（备份样品加密封条，双方确认后由轮值单位保存）。

在分析方法上，《方案》指出各监测指标依据标准方法采用相同的前处理及分析方法（表 5-1），其中对于样品保存及前处理过程中涉及多重选择的操作步骤，在表 5-2 中予以统一规定。

表 5-1 浙皖两省跨界水体联合监测分析方法

项 目	分析方法	方法来源
高锰酸盐指数	酸性高锰酸钾法	GB/T 11892—89
氨 氮	纳氏比色法	HJ 535—2009
总 氮	碱性过硫酸钾消解紫外分光光度法	GB/T 11894—89
总 磷	钼酸铵分光光度法	GB/T 11893—89

表 5-2 浙皖两省跨界水体联合监测前处理方法补充规定

项 目	样品保存及前处理方法
高锰酸盐指数	棕色玻璃瓶采集，现场加硫酸使 pH 为 1～2
氨 氮	现场加硫酸酸化至 pH≤2；水样分析前，若水样浑浊有颜色干扰，采用蒸馏法预处理
总 磷	现场加硫酸酸化至 pH≤1
总 氮	现场加硫酸酸化至 pH≤2

为了使水质监测的结果能够得到浙皖两省的认可，《方案》也对水质监测的质量标准和纠纷处理进行了说明，要求监测工作须严格执行《地表水和污水监测技术规范》（HJ/T91—2002）、《环境水质监测质量保证手册》（第二版）以及其他相关规范的要求，对水质监测全过程进行质量保证与质量控制。如果对监测结果存在异议，或监测结果相对偏差出现表 5-3 所列情况，则由轮值单位组织双方补测，查找原因。若仍未解决，国家总站则启动仲裁监测。

表 5-3 监测结果异常判定标准

监测指标	结果异常情况判定
氨 氮	当监测结果＜0.1mg/L，且相对偏差≥25%；或监测结果≥0.1mg/L，且相对偏差超过15%
高锰酸盐指数	相对偏差≥10%
总 氮	相对偏差≥10%
总 磷	相对偏差≥20%

注：相对偏差 $=\frac{|A-B|}{(A+B)}\times 100\%$。

（二）新安江流域水质监管和保护机制创新

为加强新安江流域的水环境保护，浙皖两省交界的黄山市和杭州市积极探索水质保护的体制机制，化冲突为合作，破分治为共治，切实保护了新安江流域及千岛湖水环境安全。

1. 联合监测水质，实现信息共享

在环保部环境监测总站的指导下，依据《新安江流域水环境补偿试点工作联合监测实施方案》，浙皖两省交界的黄山市和淳安县每月都在新安江跨界交接的街口断面设置3条垂线、9个测点开展水质联合监测采样一次，并在5天内完成数据交换和比对，每月25号前将监测数据报送国家总站。

为建立起长期的、可定量的水质监管评价机制，黄山市和淳安县提出一系列创新方法。一是统一监测标准，实现由各自自行掌握数据互不认同转为围绕监测数据成果共享互惠。通过联动工作和数据比对，建立双方都认可的跨省交接断面水质监测数据库，从而改变以往上下游地区各自为政、各自监测、各有一套监测数据的现象，避免两省间发生数据纠纷。二是坚持综合管理，实现水体管理由单一浓度管理转为水体通量管理。通过建设交接断面水体通量站等措施，实现断面水体由浓度管理到通量管理的转变，为综合保护决策提供更加科学的依据。三是做到绩效挂钩，实现流域生态补偿由定性操作转为按监测数据定量操作。通过各项监管保护机制的建立和落实，加强流域水体保护，并以监测数据为依据进行流域生态补偿，建立科学的、可度量的流域生态补偿推进机制，推进国家首个跨省流域生态补偿试点工作的落实。

2.联合打捞垃圾,共同保护水质

为加强千岛湖湖面垃圾打捞工作、保护新安江流域水环境安全,浙江省淳安县与安徽省黄山市共同研究制定了《关于千岛湖与安徽上游联合打捞湖面垃圾的实施意见》,为浙皖两地共同保护新安江流域和千岛湖水环境提供了保障。一是建立预警机制,实施长效管理。建立上下游湖面垃圾预警机制,做好湖面信息共享平台。完善边界、异地打捞方案,当上游出现垃圾情况时第一时间通知下游,使下游充分做好有效应对措施。相互主动联络,及时沟通时情,建立定期交流制度。二是做好协调联动,实现快速反应。双方负责人积极配合,当上游出现垃圾打捞困难时,可申请下游机械打捞船只的支援。当千岛湖进入多雨季节及汛期时,上游未打捞完的垃圾被冲入下游千岛湖后,上游打捞船只也要积极配合,快速进入千岛湖水域,做好协同打捞任务,共同清理湖面垃圾集中区域。三是强化部门配合,及时解决问题。上下游打捞船只的通行牵涉到两省两地水域的穿越,双方的管理部门应积极配合,为打捞船只的进出主动协调提供方便。同时,双方政府要向社会展开深入宣传,倡导低碳生活,减少垃圾产生量,并将垃圾进行分类管理,加快实现生活垃圾的长效管理,真正从源头上做好湖面垃圾的防治工作。

3.联合环境执法,强化预警协作

为进一步推进新安江流域环境保护工作,提高处置跨界环境污染纠纷和应对跨界突发环境事件的能力与水平,根据《关于新安江流域沿线企业环境联合执法工作的实施意见》的要求,浙皖两省共同成立新安江流域联合执法小组,组员由两地环保部门组成,组长由两地轮流担任。在具体的检查执法过程中,浙皖两省逐步建立健全联动、互动、交叉的边界环境执法新机制。一是建立联动机制。每半年召开一次联席会议,通报两地水环境状况,商定年度联合执法计划,对联合执法开展情况进行总结,提出对策建议,建立并完善边界突发环境污染事件的防控实施方案。二是开展联合执法。每季组织一次联合执法检查,深入开展对新安江流域沿线污染企业的排查工作,严查两地相邻地区的环境违法企业。三是加强联合预警。两地环保部门一旦预测或监测发现跨界流域河流水质异常,应及时向对方发出预警通报,立即采取应急措施,并加强跟踪监测;同时,建立环境预警机制,加强应急救援能力建设,构建一套防范有力、指挥有序、快速高效和统一协调的应急预警、处置及善后工作体系。

三、完善浙皖两省协作保护新安江流域水环境的措施

新安江流域生态补偿机制从2012年开始实施以来，浙皖两地积极探索流域生态补偿机制建设经验，有力促进了新安江的水质改善。

为保护新安江上游水质安全，安徽省黄山市采取有力措施治理污染源。一是突出“治”这个重点，狠抓项目治理。黄山市仅用三年时间完成了79个规模化养殖场的污染整治，拆除了6379只网箱，退养了37万米^{2}水产养殖面积，完成了23万户农村改水改厕、15个城镇生活污水和垃圾处理工程和102个入河排放口的截污改造，建成污水处理管网128千米，推进新安江上游16条主要河道59个项目综合整治，整治河道94千米，规范清理125个河道采砂场，建成生态公益林531万亩。二是突出“挡”这个关键，严格环保准入。近年来，黄山市否定环境污染外来投资项目180个，投资规模达到180亿元；累计关停淘汰污染企业170多家，整体搬迁工业企业90多家。三是突出“控”这个核心，加强规划控制和联防联控。建立完善皖浙两省联合监测、汛期联合打捞、联合执法、应急联动等横向联动工作机制。四是突出“保”这个基础，强化立体保护和全民保护。从2011年起，安徽省对黄山市不再以GDP为主要考核指标，并加大政策宣传力度。社会民意调查显示，人民群众对生态补偿试点政策知晓率为95.7%，政策满意度为86.7%。五是突出“投”这个保障，创新生态补偿投融资机制。通过将补偿资金投入黄山市投融资平台、与国开行签订200亿元新安江综合治理融资战略协议、与中节能等公司合作以及采取PPP模式等方式，多渠道解决资金投入问题。

浙江省采取积极措施，保障新安江流域生态补偿机制健康运转。为保护新安江、千岛湖水质，淳安、建德关闭库内区域所有的造纸、农药、化肥、印染、制革、医药、化工等重污染企业。淳安县实施污染源治理、水源地保护、监管能力建设、生态保护修复、产业结构调整等5大类37项工程，总投资超过13.5亿元。将淳安县90%左右的国土面积划定为饮用水水源保护区和生态保护红线区，对其他区域实施严格负面清单管控。2016年，淳安县域内88条河长制河道中，53条达到河江Ⅰ类标准，其余35条达到河道Ⅱ类标准。建立生态环保财政转移支付制度，由省级财政对源头地区进行财力补助。将千岛湖保护作为重点补助对象，按一类一档标准每年向淳安县兑

现1亿元以上的补助资金。淳安县将千岛湖生态环境保护项目全部列入政府投资计划，予以优先保障。

由于我国在生态补偿领域起步较晚，在实践中，生态补偿机制的运转仍然存在着一些困难和问题，有待进一步解决。

1. 生态补偿的法律规范体系需要完善

完善生态补偿有关的资源环境法律是全面做好生态补偿工作的基础，也是生态文明建设过程中对资源环境法制建设提出的新要求。国家针对流域跨行政区域的生态补偿专门立法尚没有出台，主要依靠《环境保护法》《水污染防治法》对流域生态治理提供依据，缺乏对生态补偿的明确界定。新安江流域生态补偿主要依据环境保护部的《新安江流域水环境补偿试点实施方案》，而方案主要是对补偿资金和监测的基本方式进行了界定，缺乏必要的法律约束力和执行力。浙皖两省政府虽然对于生态补偿也出台了相应的政府规章制度，如《浙江省生态环保财政转移支付试行办法》《浙江省跨行政区域河流交接断面水质保护管理考核办法》等，但对于跨区域性的环境问题缺乏约束，可能会陷入府际环境治理的困境。所以，必须加快《生态补偿法》的制定和出台，对生态补偿的权利主体和补偿标准进行明确界定，明确生态违法者的相应环境成本，进一步保障生态补偿工作的顺利开展。

2. 需要拓宽生态补偿资金的来源，建立市场化、多元化生态补偿机制

新安江流域的生态补偿资金主要采用中央财政和地方财政相结合的方式，补偿费有限，难以弥补上游地区因新安区水域生态保护而产生的损失。新安江流域生态治理和移民工作，依旧需要浙皖地方政府的配套补助，总体资金压力较大。因此，必须拓宽生态补偿资金的来源途径，逐步用政府财政补助与市场化办法相结合解决生态保护资金投入来源问题，才能保证新安江生态补偿工作的深入。在依托中央和地方财政的补助之外，应积极引入生态税费制度，建立水资源产权登记制度，对流域区域内的企业征收水资源税和水权费，通过水资源交易费用和使用税来补助当地的生态环境建设。建立用水权、排污权、碳排放权的初始分配制度和交易制度，扩大排污费的征收范围，对流域内的企事业单位征收排污费。在依托税费支持之外，生态补偿可以引进民间资本，鼓励个人在流域内进行绿色产业的投资，在市场的推动下，将社会资金引入生态补偿；可以建立新安江流域的环境保护基金，通过接受社会各界的捐赠补充生态补偿资金；可以发放生态补偿类的债券。

3. 形成生态补偿长效机制

“要长久确保有效实现区际生态补偿,关键要从制度入手”①,要形成有效的协调机制。生态补偿机制不只是简单的环境保护手段,而是涉及方方面面环境利益的协调问题。新安江流域生态环境保护和建设,不仅使上游地区受益,同时也使下游地区和全社会受益。上下游地区各级政府要充分发挥协调能动作用,运用行政、经济、法律等调控手段,保障新安江流域生态环境的可持续发展。这需要中央和浙皖两省形成固定的统一协调平台,加强两地的协调配合,理顺职能分工,促进监测数据和信息共享,加强地区间的衔接沟通,以此协调地区环境治理过程中的利益纠纷。

加强监督和评估考核机制,建立切实可行、科学的评估体系,转变地区生产总值政绩考核标准,注重绿色地区生产总值的体系构建,将评价指标从水环境拓展到空气质量、森林覆盖率等其他指标的考核,形成整体评估机制。加强监督机制建设,完善和建立新安江流域水源地生态保护效益与损失监督机制、补偿资金监管机制等,将生态补偿机制充分落到实处。动员社会力量,将公民和社会团体吸引到新安江流域的环境保护之中,使政府主导型的新安江生态补偿模式逐步向政府主导民间参与的生态补偿模式转变。

第二节　江浙两省太湖水环境协作治理

太湖位于长江三角洲的南缘,古称震泽、具区,又名五湖、笠泽,是中国第三大淡水湖,跨江浙两省,北临无锡,南濒湖州,西依宜兴,东近苏州。太湖湖泊面积为 2427.8 平方千米,水域面积为 2338.1 平方千米,湖岸线全长 393.2 千米,其西侧和西南侧为丘陵山地,东侧以平原及水网为主。太湖流域面积大,整个太湖流域跨江苏、浙江、安徽、上海三省一市,总面积约为 3.7 万平方千米,流域内气候温和湿润,水网密布,土壤肥沃,是我国重要的粮食生产基地和蚕桑基地,素有“鱼米之乡”的美誉。太湖流域内,人口稠密,工业密集,经济发达。流域内有特大城市上海和苏州、无锡、常州、嘉兴、湖州等 30 多个市(县),国民生产总值占全国的 1/8,在全国具有举足轻重

① 黄寰:《区际生态补偿论》,北京:中国人民大学出版社,2012 年,第 377 页。

的地位。

一、太湖水环境治理的困境与挑战

太湖流域从行政区划上包括江苏省的南部，浙江省的嘉兴、湖州两市及杭州市的一部分，上海市的大部分，安徽省与江浙毗邻的区域，其中，江苏省占 53.0%，浙江省占 33.4%，上海市占 13.5%，安徽省占 0.1%。太湖河港纵横，河口众多，主要进出河流有 50 余条，流域面积大，加上径流数量众多，使得太湖流域的生态环境保护工作非常复杂。跨界水污染治理难度大，是太湖水污染治理困难的症结所在。太湖周围的苏州、无锡、常州、嘉兴、湖州 5 个中心城市构成了一条环太湖城市带。太湖治理如果仅仅集中在一个区域，太湖水域污染治理就难以达到预期效果。只有周边区域共同治理，才能达到治污整体效果。

随着太湖流域城镇化和工业化的推进，太湖承受着巨大的环境保护压力。从 20 世纪 80 年代开始，太湖的水质开始逐年下降，水体富营养化加剧。在 20 世纪 60 年代，太湖水质基本属于Ⅰ类和Ⅱ类水质；在改革开放初期，太湖的水质为Ⅱ至Ⅲ类水质。随着长三角区域工业化进程的加快，在 20 世纪 90 年代，太湖水质已经下降为Ⅳ类水。"到 2000 年，全太湖仅 6.7%的水体属Ⅲ类水，8.2%属Ⅴ类或劣Ⅴ类水。"[①]2007 年之后，太湖湖体水质总体劣于Ⅴ类水质标准。在 2009 年，太湖湖体高锰酸盐指数达到地表水环境质量Ⅲ类标准，总磷为Ⅳ类，总氮劣于Ⅴ类。全湖处于中度富营养状态，其中湖心区和东部沿岸区处于轻度富营养状态，其他湖区均处于中度富营养状态。

水体的富营养化也使太湖蓝藻暴发次数增加，2004—2010 年，太湖地区共暴发蓝藻次数达 539 次；在年份分布上，2004—2007 年太湖蓝藻暴发的次数逐年增加，在 2009 年和 2010 年次数有所减少（表 5-4）。总体上，太湖大面积的蓝藻暴发与水体富营养化密切相关，也是太湖污染不断加剧的表现。水质的恶化影响着太湖沿岸各个城市的用水安全，蓝藻的暴发造成

---

① 高俊峰、蒋志刚等：《中国五大淡水湖保护与发展》，北京：科学出版社，2012 年，第 187 页。

部分城市出现饮用水断供现象①。

表5-4　太湖及各分湖区2004—2010年蓝藻暴发情况②

单位:次

年　份	太　湖	竺山湖	梅梁湖	贡　湖	南部沿岸	大太湖	西部沿岸
2004年	53	25	26	3	13	29	37
2005年	71	32	34	15	27	47	43
2006年	95	44	60	25	59	72	77
2007年	112	37	64	47	85	85	93
2008年	102	27	63	42	52	74	85
2009年	54	20	31	10	29	42	44
2010年	52	12	31	23	37	47	41

针对太湖水环境的不断恶化,国家和太湖沿岸政府对治理污染采取了一系列措施来有效控制太湖的水体污染,减轻太湖水污染的危害。1997年,国务院批准了《太湖水污染防治"九五"计划及2010年规划》,安排了54个治理项目,实际投资100亿元;在"十五"期间安排了255个治理项目,投资220亿元。1998年,国务院会同苏浙沪两省一市发动声势浩大的"聚焦太湖零点达标"太湖水污染治理行动,计划在1999年以前将太湖地区的1045家重点污染企业实现达标排放。2013年,国家发改委发布《太湖流域水环境综合治理总体方案(2013年修编)》,要求太湖沿岸的苏浙沪两省一市要将治理任务纳入国民经济和社会发展年度计划,逐级签订水环境治理工作目标责任书,层层分解,责任到人,并纳入干部政绩考核体系,以保障饮用水安全为基点,着力推进产业结构和工业布局调整,着力加强面源污染治理,着力改善环湖生态环境。该方案明确提出了治理的基本思路和主要任务,明确提出了治理的重点区域和项目,坚持综合治理、科学治理,坚持统筹规划、突出重点。

---

①　1990年,无锡市因太湖蓝藻暴发,自来水厂停水半月;1995年7月,太湖水体污染又给无锡日常用水造成威胁;2007年5月28日,在高温条件作用下,太湖暴发大面积蓝藻,无锡饮用水水源受到污染,导致全市七成人口用水受到严重影响。

②　高俊峰、蒋志刚等:《中国五大淡水湖保护与发展》,北京:科学出版社,2012年,第190页。

国家积极推进“引江入太”工作，通过调剂长江水来加强太湖水的净化能力。2002年，为保障太湖流域供水安全，改善流域水环境，江苏省无锡市启动引江济太调水工程。2002年、2003年的引江济太调水措施缩减了大部分湖区换水周期，减轻了太湖藻类水华，对太湖水质改善起到了积极的作用。由于太湖流域面积大，引江济太的出水口区域水质改善明显，但对大面积的太湖水只能是有限的稀释作用。虽然国家和地方政府对于太湖水污染治理都花了大力气，太湖水质也有了明显改善，部分区域水质能够回到Ⅱ至Ⅲ类水质标准，但从根本上改善太湖水质需要进一步推进综合治理举措。

太湖治理屡治而未见实质成效并陷入治理困境，其主要原因有以下三个方面。

1.人口稠密，工业结构不合理

从当前对太湖污染物的分析来看，农村生活污水的排放和工业污染物的排放是太湖的主要污染源，特别是村落生活污水、村落生活垃圾、农田面源、水产养殖等是主要因素。农村污水和生活垃圾合计的COD、总氮、总磷的贡献率分别达到总量的43%、62%、57%，而且沿岸农村散户养殖业成为治理的难点。在工业上，传统化工、造纸、酿造等污染企业依旧占较高份额，高新技术产业和服务业比重仍然较小。不少城市工业园区并没有按城市主体功能重新定位和地理布局，污染集中控制进程也不容乐观，有些地方还有大量重污染行业散落在城镇各个片区。以苏南某市一个区为例，共有800余家化工企业，但经省级部门审批的化工园区仅1家，园区内仅有4家化工企业。有些工业园区鱼龙混杂，废水并没有分质做好预处理工作，致使园区污水处理厂难以做到稳定达标排放。虽然太湖流域各地在发展战略新兴产业、淘汰落后产能等方面做了大量工作，但传统产业偏重、层次偏低、规模偏小、布局偏散、类别偏同等结构性问题仍未得到根本解决，化工、纺织、印染等重污染行业依然占据工业排污总量的“半壁江山”。

2.污染监测和预警能力尚显不足

国家在太湖污染防治工作上投入了较大的力量，初步形成了污染的监测和预警机制，通过运用卫星遥感等技术来加强对环境污染的监测。但环境综合信息处理能力依旧薄弱，区域内环境污染纠纷缺乏统一的断面水环境状况实时信息反馈。重点污染源的监控能力不足，需建立重点企业污染排放的监控体系和信息发布平台。虽然给重点排污单位安装了在线监控设施，但仍有大量企业无法实现实时监控，企业偷排现象仍时有发生。乡镇和农村环保力量依旧薄弱，对镇村级工业企业监管不到位。农业面源的污染监测、监控体系均比较薄弱，尚需要不断加强。

3. 流域综合治理体系和机制有待进一步改进

太湖流域水资源开发、利用、保护涉及苏、浙、皖、沪三省一市和众多部门，地区之间、部门之间存在一定的利益冲突，流域内管理协调难度很大，造成了“九龙治水而水不得治”的困境。由于各地区的发展不平衡，环境污染问责机制落实不到位，建立有效监督体制来监督各级政府部门履行好治太职责依然是项重要课题，部门间、地区间在数据共享、跨区域流域治理等方面的合作机制仍需健全。在同一个行政区域内，水环境治理涉及水利、环保、规划、农业、渔业等多个部门，存在“多头治水”的现象，比如水质问题，就有环保部门的《水污染防治法》和水利部门《水法》对其进行规范，其中有冲突也有疏漏，部分内容不尽协调。河长制、环境工程投融资机制、省级财政资金投入机制、环境绩效评估制度、排污权交易制度、区域生态补偿制度、绿色保险制度、公众参与制度等，都需要在太湖流域水污染治理中进行不断完善。

太湖水污染治理任务艰巨，涉及众多行政区域和各级行政主体，客观上使协作治理具有一定难度。当前，太湖水环境治理模式是以行政区行政为主、流域管理与行政区域相结合的管理模式，这种治理模式难以有效治理太湖水环境污染问题。在太湖水环境协作治理过程中，地方政府的合作意识比较被动，往往是基于中央政府的协调才取得突破；地区之间竞争意识的存在使得地方政府各自为政，合作意愿不强；搭便车的心理使得地方政府不想付出治理成本，难以确立协作治理理念。地方政府之间协作治理的制度化程度不高，协作治理相关法律依据缺乏，造成了协作治理具有不稳定性。地方政府间的合作往往采取磋商形式，没有形成制度化文本。这种形式往往由于达不成一致意见而使协作治理失败。

二、太湖水污染防控与纠纷解决机制

浙江省和江苏省是太湖沿岸的两个经济强省，其环湖地区经济的快速发展离不开对太湖水资源的依赖，同时两省对太湖水环境的治理保护压力也很大。由于两省环湖地区的地理位置交错，在太湖的环境治理和保护上也产生过一些纠纷。两省的水污染纠纷始于1993年,江苏吴江盛泽镇与浙江嘉兴一河之隔,当时吴江的印染企业迅猛发展,排放的工业废水直接导致了下游嘉兴地区水产养殖地区的污染,大片鱼虾死亡,给养殖户造成了巨大损失。1993年5月,江浙两地在中央政府的协调下共同处理太湖下游渔业经济损失的问题。1994年9月,两地开始着手建立联合监测体制,从1995年开始,两地环保局就联合监测的具体事宜未达成一致,致使水污染纠纷事件频频发生。2001年,江苏吴江境内纺织产业所排放的污水,通过麻溪江、苏嘉运河进入到浙江嘉兴的王江泾镇,造成了重大渔业损失。同年11月21日,嘉兴数千村民组织了一次民间“零点行动”,自筹资金,动用工程机械和船只截流河道,在麻溪江上筑起了一道大坝,这就是产生重大影响的“筑坝事件”,引起国家有关部门的高度重视和介入。经过江浙两省政府的调查,在2002年12月10日,浙江省嘉兴市中级人民法院就2001年发生的江浙两省跨省污染案做出判决:江苏省翔龙印染公司等21家企业向浙江省吴鸿祥、吉祥元等47户渔民赔偿损失共789万元。

此次环保事件后,江浙两省逐渐建立起省际环境联合治理方案,探索太湖水污染协作防治机制。2002年年初,江浙两省开始建立起省际水污染防治制度和水环境信息通报制度;之后,又依据中国环境监测总站的要求,建立了江浙省界水质及水污染事故联合监测机制,协商编制了《江苏盛泽和浙江工江泾边界水域水污染联合防治方案》。经过整治后,流域内的水质得到很大改善,两省间的环境治理协调能力也得到了提高,初步建立和形成了交界水面水质联合监测、信息通报和共享、联合执法、生态补偿等一系列工作机制;同时,在污染治理上也取得了一些成效,有效地应对了流域内跨省的水污染事件。例如,2005年江浙边界澜溪塘(铜罗段)和新塍塘北支河水发黑,受黑水影响,北支河下游新塍塘约3万人的饮用水厂被迫停水,直接威胁嘉兴市饮用水水源保护区。接到举报后,嘉兴市秀洲区环保局立即通知吴江市环保局,双方同时把事态发展上报到上级有关部门。双方环保局就污染情况相互通报信息,研究治理方案,防止污染规模进一步扩大。由于事件处理及时.虽然当地居民生活受到一定影响,但没有出现群众过激行为。

2009年,由无锡、湖州两市发起,环太湖五市(无锡、湖州、常州、苏州、嘉兴)共同参与了在无锡召开的“携手保护太湖,实现永续发展”的联合会议。环太湖五市在会上达成共识并形成了协力同心助推太湖保护和治理的

《无锡倡议》，强调“加强全流域综合治理，建设生态文明，保持人水和谐，是太湖儿女们共同的责任”。2011 年 4 月 7 日，环太湖五市人大在浙江省湖州市举行推进太湖治理联席会议第二次会议并发表《湖州宣言》，就环太湖城市深化治太合作达成五点共识，强调要从生态建设、政策保障、健全机制、治污监管、协同监督等方面深化合作，共同推进太湖的保护和治理。

1. 流域源头的预防和生态补偿机制

太湖支流众多，从河流源头保护十分重要，以防止上游的污染物汇聚进入太湖。江浙两省结合本省实际，分别出台相应的针对太湖流域环境保护的相关规整条例，做好从源头上预防太湖水域的污染，如江苏省出台了《江苏省太湖水污染防治条例》《江苏省排放水污染物许可证管理办法》等规章制度；浙江省出台了《浙江省跨行政区域河流交接断面水质保护管理考核办法》，以及“五水共治”等相关政策文件。

流域生态补偿在跨行政区域水污染防治上具有重要意义，有助于地区间的利益协调，在环境污染治理上具有很强的操作性。针对太湖流域污染状况和流域源头的保护压力，2007 年 11 月，江苏省政府常务会议审议并通过了《江苏省环境资源区域补偿办法》，其中对跨界水污染超标有了详细的惩罚标准：超标水体中，上游每超标 1 吨化学需氧量（COD），应向下游地区补偿 15000 元；每超标 1 吨氨、氮或磷，则补偿 10 万元。若污染水体排放入太湖，因太湖水域无法界定具体“受害区域”，补偿费将统一上缴至江苏省财政，主要用于污染治理及生态修复。为保护东苕溪的水质，浙江省德清县出台了《德清西部保护与发展规划》。浙江省率先在县域内建立并实施生态补偿机制，对县域境内西部乡镇生态环境的保护和生态项目的建设实施补偿。浙江省早在 2010 年就专门立项并部署开展重点水利工程“五大项目”建设——太嘉河工程、平湖塘延伸拓浚工程、苕溪清水入湖河道整治工程、杭嘉湖地区环湖河道整治工程和扩大杭嘉湖南排工程。

2010 年，湖州入太湖断面全部达到Ⅲ类水质标准，COD 和 SO_2 排放量继续实现“双下降”，全市森林覆盖率达 50.9%。苏州加快重点污染源在线监控建设，占全市污染负荷 85%以上的 811 家污染企业，除 155 家污水接入集中污水处理厂处理外，其余 656 家均实现了在线监控。2010 年，无锡提前两年基本完成国家“治太总体方案”涉及无锡的 200 个近期重点工程。常州则对 121 家重点水污染物排放单位实施排污权有偿使用，并在江苏省率先成立了"排污权服务中心"。嘉兴畜禽养殖业污染整治工作于2010年8月通过浙江省政府验收。2015年,浙江各部门又联合下发了《浙江省太湖流域水环境综合治理实施方案(2014年修编)》,共安排饮用水安全保障、工业点源污染治理、城乡污水和垃圾处理、面源污染治理、生态修复、引排工程、河网综合整治、节水减排、资源利用等11类共274个项目,总投资为897.177亿元。江浙两省在产业结构调整、工业污染防治、城镇生活污染控制、农业面源污染控制等方面,均取得了阶段性成果。

2. 流域水环境信息通报机制

水环境信息互通有助于避免"九龙治水"困境,有利于增强流域内各地方政府的沟通和协调。太湖水污染治理的困难在于其流域涉及苏、江、沪、皖等省市,各地对于水污染治理各自为战,相互间不能及时有效地实现水环境监测数据的共享,使治理措施难以对症下药。在水环境信息共享机制建设上,江浙两省实现了太湖流域内主要企业的污水处理和污水排放数据、企业的环评信息,以及两地流域内环保执法的相关信息共享。

江浙两省通过设立联席会议形式,互通治水经验,交流相应的环境治理信息,加强双方信息沟通。2002年2月,浙江省嘉兴市与江苏省苏州市通过召开太湖流域环境治理联席会议,逐步建立起了边界水污染防治的信息共享和通报制度。2008年年底,江苏、浙江、上海在苏州签署《长江三角洲地区环境保护工作合作协议(2008—2010年)》,通过发挥区域联动能力和信息共享机制,加强对太湖污染监测,提升太湖流域水污染的治理能力。联席会议制度有利于各方互通水污染治理进程、水质变化情况,实现污染点源达标排放和交接断面水质监测数据共享。

3. 联合监测机制

联合监测是跨区域水污染治理的前提,联合监测能够实现信息的高效共享,其机制的运行有助于治理合作的深化。由国家环保部门牵头,经江浙两省商定在流域交接断面设立交接断面的水质联合自动监测站,信息定期发布,同时聘请水质监测员加强对交接断面的水质监测。2002年初,江苏、浙江两地开始建立边界水污染防治制度和水环境信息通报机制,根据中国环境监测总站要求,共同建立了江浙省界水质及水污染事故联合监测机制,协商编制了《江苏盛泽和浙江王江泾边界水域水污染联合防治方案》。2008年4月,国务院讨论通过了国家发改委牵头编制的《太湖流域水环境综合治理总体方案》。该方案要求在太湖流域建设统一的水环境监测体系，尤其是省际流域的交接断面。2007 年，《江苏省太湖水污染治理工作方案》印发，其中强调了要完善太湖流域的水环境检测体系，在太湖流域各省市交接断面、入湖河流、饮用水水源地新建一批自动检测站，进行全方位实时监测，并且与各省市环保、水利部门联网，实行在线监测，建立起太湖水污染监测数据共享平台。2008 年 12 月，浙江省出台《浙江省太湖流域水环境综合治理实施方案》，明确将太湖水环境综合治理作为"811"环保新三年行动的重中之重来抓，要求省级部门和杭嘉湖等县（市、区）密切协作，在太湖流域水环境综合治理领导小组的协调下，加强太湖水质和应急信息的统一管理和信息共享。目前，隶属于水利部的太湖流域水资源保护局（以下简称"太湖局"）定期对太湖流域省界水体监测断面（点）的 34 个监测点进行水质监测，其中沪、苏、浙、皖省界河流断面 22 个，省界湖泊站点 12 个，每月发布水质监测通报。

4. 联合执法机制

联合执法就是相邻两个行政区域联合成立环境执法队伍，对流域内两省交界区域的环境违法事件进行联合处置。江浙两省逐步推进太湖治理的联合执法工作，共同对交接断面所在区域进行环境治理的联合执法，重点打击和关停高产能、高污染的企业和养殖业，保护太湖流域的水安全。沿湖各市协商建立太湖流域"一湖两河"水行政执法联合巡查制度，要求"水政监察支队每年至少开展两次联合巡查，由太湖局水政监察总队组织，具体由太湖局直属水政监察支队负责实施。太湖局直属苏州管理局水政监察支队与有关地方水政监察支队对太浦河、望虞河及太湖苏州区域开展联合巡查；太湖局直属水文水资源监测局水政监察支队与有关地方水政监察支队对太湖无锡、常州和湖州区域开展联合巡查。各有关水政监察大队参加"。2014 年 11 月 25 日，太湖局在嘉兴组织召开了太湖流域"一湖两河"水行政执法联合巡查暨深化河湖专项执法联席会议，讨论进一步深入贯彻《太湖流域管理条例》、严格执法及强化流域与区域水行政执法合作。2015 年 5 月 14 日，太湖局组织苏州市、无锡市、嘉兴市和上海市"一湖两河"沿线共 15 家水行政主管部门、40 余名水政监察员，开展太湖流域"一湖两河"水行政执法联合巡查活动。

三、完善江浙两省环太湖水环境治理模式

太湖水域经过流域内各省市近几年的综合治理和对污染的联防联控，水生态环境状况取得了较大改善。2015 年，太湖湖体总体水质处于Ⅳ类（不计总氮）。湖体高锰酸盐指数和氨氮平均浓度达到Ⅱ类标准；总磷平均浓度符合Ⅳ类标准；总氮平均浓度为 1.81 毫克每升，达到Ⅴ类标准，综合营养状态指数为 56.1，处于轻度富营养状态。与 2014 年相比，湖体高锰酸盐指数、氨氮平均浓度稳定在Ⅱ类以上，总磷、总氮平均浓度分别下降 1.7%和 7.7%，综合营养状态指数同比升高 0.3。2015 年 4—10 月蓝藻预警监测期间，通过卫星遥感共监测到蓝藻聚集现象 91 次，以小面积聚集为主，主要分布在竺山湖、梅梁湖、贡湖、西部沿岸和湖心区。与 2014 年同期相比，首次发生时间变化不大，发生次数有所增加，最大发生面积和平均发生面积分别上升 86.0%和 46.5%。利用太湖流域水质自动监控系统监测数据，以高锰酸盐指数、总磷和氨氮三项指标评价，2015 年，15 条主要入湖河流中，有 7 条河流水质达到Ⅲ类标准，占 46.7%；其余 8 条河流水质均为Ⅳ类，占 53.3%。与 2014 年相比，入湖河流水质总体保持稳定。[①] 虽然太湖治理取得了较大成就，但与国家太湖治理总体方案的具体要求仍有一定差距，湖体水质处于轻度富营养化，水污染排放的总量依旧偏大，总磷、总氮等指标仍高于国家目标，太湖水污染治理形势依旧非常严峻。

面对巨大的环境保护压力，太湖治理需要在原来的举措上进行突破，形成更完善、更高效的水环境保护举措。在国外，跨流域水环境治理相对较早，形成了比较成熟的经验，如欧洲的莱茵河流域、日本的琵琶湖流域等。莱茵河是欧洲的第三大河流，流域面积广，流经瑞士、法国、奥地利、德国、荷兰等多个国家，途径地域复杂，人口稠密。在 20 世纪中期前，因为流域内的工业、生活、农业污水、污染物的排放，莱茵河受到过严重的水污染，成为“欧洲的下水道”。经过莱茵河沿流域各国的合作治理，通过技术、经济、综合治理等手段，莱茵河重新恢复了往日的生机。莱茵河污染治理的成功之处在于其设置了统一的区域生态治理机构——莱茵河国际保护委员会(ICPR)，

① 江苏省环境保护厅：《江苏省环境质量状况(2015 年)》，http://www.jshb.gov.cn/jshbw/hbzl/hjjb/201606/t20160603_352565.html，2016 年 6 月 21 日。

并制定了完备的区域生态治理行动计划和应急处理机制，能有效地对流域内出现的环境污染事件进行处置。日本在琵琶湖污染治理上则采取严格的治理标准，要求位于琵琶湖主要区域的滋贺县采取比国家更为严格的工业排放标准，并且明确琵琶湖治理的基本目标，按照琵琶湖流域的不同区域，在1972年制定了琵琶湖的综合开发计划，在1987年、1993年和1997年制定了琵琶湖水质的保护计划，从中长期对琵琶湖的治理进行规划。此外，当地政府也组织流域内的居民参与到湖水的保护当中，扩大琵琶湖水质保护的参与面。鉴于国外的治理经验和太湖流域目前开展的治理工作，太湖水域的环境保护需要进一步完善相应的体制机制以及探索新的治理模式。

1.明确太湖水环境治理的总体思路，建立太湖治理综合协调机制

太湖蓝藻过度生长的根本原因是太湖流域水体的富营养化，供水危机产生的主要原因也是生产生活对水体的过度污染。由于太湖流域河网密集，太湖水体的富营养化程度严重，范围大，治理太湖湖体水污染必须先治理太湖流域河网水污染，对太湖的治理一定要从全流域的整体利益着手，防止污染物从沿河企业排放到河网，然后流入太湖湖体。太湖水环境治理的总体思路可以概括为：综合治理、标本兼治、总量控制、浓度考核、三级管理、责任到县。这一治理思路对太湖水环境综合治理的管理机制提出了新要求，国务院综合部门要牵头建立太湖治理综合协调机制，以协调方方面面的关系，落实综合治理措施，把水质控制目标、污染物总量控制、综合治理措施等责任统一起来。

2.强化“利益共同体”理念，完善跨省域的生态补偿机制

当公共事务处理超越传统的行政区域界限时，必须打破行政区划束缚，树立区域利益共同体的观念，建立区域公共事务处理机制。环境问题和环境利益已经成为人类的共同利益，不同地域之间应享有公平的环境权利。江浙两省在太湖水污染治理上必须增强协作性，注重区际公平，不能因为不在同一行政区域而规避自己对于太湖流域环境的责任，要树立合作共赢理念，摆脱“九龙治水而水不得治”的困境。在生态利益上两省应在发展权利与责任上保持公平，任何一方的发展都不能建立在牺牲对方生态利益的基础之上。在省域间的部分县市要树立新发展观，不能以地区GDP增长作为考核的唯一依据，必须突出发展绿色产业和增加绿色GDP的比重，虽然苏南和浙北地区各地发展尚不平衡，但江浙两省作为全国的两个经济强省，需

要探索出一条利益协调与补偿机制。江浙两省在各自省内的生态补偿机制已实行了多年,形成了比较成熟的生态补偿形式,对于省域内太湖流域的治理具有重要的推动作用。两省间的合作主要在于建立信息共享平台、监测平台、执法平台等,如果两省间建立跨省域的生态补偿机制,将更能够触及两省的发展利益,也有助于两省在太湖水环境保护上加强交流与合作,能更有效地共同参与太湖水域的生态保护。

3.构建多元主体参与的治理机制

体制内的力量是目前太湖水环境治理的主要力量,各层级联席会议,中央环保部门与江浙两地环保部门,两地的人大、政协等部门都发挥了重要作用。在社会转型时期,传统的环境治理模式其作用的发挥非常有限,需要多元主体有效参与到水环境治理中来,调动社会力量和资源来应对环境污染问题。

(1)发挥网络自媒体在太湖水环境治理中的信息传递作用

自媒体是网络发展的重要成果,突破了传统网络单向传递的结构,整体格局更具扁平化,成为当前公众参政议事、表达利益诉求的重要形式,公众可以通过微信、微博等途径来反映环境污染问题。太湖流域污染的防控离不开社会公众的积极参与,这不仅可以弥补政府部门监管的空缺,也有助于更加快速地对污染事件做出反应和进行水危机处理。

(2)发挥大众媒体在太湖水环境治理中的舆论监督作用

大众媒体相对于自媒体的影响更大,包括报纸、杂志等纸质媒体和电视、广播、网站等电子媒体,所"涉及人数众多,社会影响重大,生态环境事件一经发生,往往能够引起大众媒体的重视"[①]。大众媒体的优势在于其能够生产、复制大量信息,短时间内将信息传递到各个角落,对社会形势的影响巨大,能够有效督促政府部门加强对环境污染的治理和防控。太湖流域水环境治理需要得到大众媒体的监督,为政府太湖综合治理提供信息支撑和舆论监督。

(3)发挥环保民间组织(环保 NGO)的作用

多元治理的公共环境中不能缺少民间组织的身影。1994 年,中国第一

---

① 余敏江、黄建洪:《生态区域治理中中央与地方府际协调研究》,广州:广东人民出版社,2011 年,第 198 页。

家环保 NGO"自然之友"成立，到 2008 年中国已成立超过 3000 个环保 NGO，所涉及的人数超过百万。环保民间组织在环境治理上具有强大的优势，它涉及面宽，能够有效获取环境污染事件中的相关信息，为政府部门提供环境信息并对其进行监督，可在一定程度上减少地方政府在污染问题上的不作为和企业偷排等隐藏行动所产生的道德风险。太湖流域面广、河网密布，所涉及的县市多，需要处理的利益关系复杂。太湖水环境治理需要环保民间组织的参与，它不仅可以降低政府治理成本，破解地方政府的利益困境，而且也有助于提升太湖水域保护的长效性。

第三节 长三角区域联防联控大气污染

人与空气的关系十分紧密，没有空气人将失去其生命。自工业革命以来，空气遭受了巨大的污染，人类也经历了边污染大气环境边治理大气的历程。随着我国城市化、工业化、区域一体化进程的加快，人口大量向城市聚集，城市机动车保有量增加，大气污染正从局部性的、单一性的空气污染向区域性的大气污染转变，尤其是在城市化迅猛发展的京津唐、长三角、珠三角地区，大气污染情况十分严重，严重制约当地社会经济的可持续发展，严重影响人们的身体健康。我国早在 20 世纪 70 年代就已经开始了大气污染防治的研究工作；1995 年修订的《大气污染防治法》明确提出将酸雨和二氧化硫纳入控制范围；1998 年 1 月，国务院正式批复酸雨控制区和二氧化硫控制区的划分方案并提出控制目标。[①] 自 2002 年以来，我国又陆续出台了各项政策，加大了节能减排力度。2002 年 1 月发布的《燃煤二氧化硫排放污染防治技术政策》，对能源合理利用、煤炭生产加工和供应、煤炭燃烧、烟气脱硫、二次污染防治等方面进行了详细的规定；2012 年 8 月发布的《节能减排"十二五"规划》，对电力与非电力行业脱硫脱硝效率提出了具体的发展目标。这些节能减排政策对我国大气污染防治起到了一定的推动作用，但大气污染的跨地域性使得我国对大气污染的治理效果并不显著，特别是环渤海地区的雾霾犹如"穹顶"笼罩在上空，使人们不免担心自己的生活环境。

---

① 吴志功主编：《京津冀雾霾治理一体化研究》，北京：科学出版社，2015 年，第 184 页。

京津唐、长三角、珠三角等地正结合当地大气污染特点和地域特征，协调部署，探索适合该地区的大气环境治理模式，跨区域联防联控大气污染。

一、长三角区域协作治理大气污染的主要实践

2010年5月，国家环境保护部、发改委、科学技术部、工业与信息化部等9个部委共同发布了《关于推进大气污染联防联控工作改善区域空气质量的指导意见》，提出"解决区域大气污染问题，必须尽早采取区域联防联控措施"的思路。[①] 京津冀地区是我国最早开始实行跨区域大气污染合作治理和联防联控的地区。为保障2008年奥运会的召开，以及北京的空气质量能够达到国家标准和世界卫生组织标准，2006年，环境保护部协调成立了由北京、天津、河北、山西、内蒙古等地区共同参与的奥运会空气质量保障工作协调小组，通过实施加强机动车管理、倡导绿色出行、停止部分施工工地作业、加强道路清扫保洁、重点污染企业限产停产、燃煤设施污染减排、减少有机废气排放和实施极端不利气象条件下的污染控制应急措施等六大举措，保障了奥运会期间北京的空气质量。在赛事期间，北京空气中的主要污染物浓度平均下降了50%左右，实现近十年来北京空气质量历史最优。

长三角区域由江苏、浙江、安徽、上海三省一市组成，区域内大部分地区已处于工业化后期，部分地区处于工业化中期，机动车保有量大，工业污染与居民生活污染等多种空气污染物并存，大气污染呈现出复合型污染特征，且"二次污染"占比较高。2013年12月初开始，一场突如其来的雾霾袭击了从杭州、南京到上海的长三角，再蔓延至中国南方大部分地区。多个城市AQI(空气质量指数)屡冲新高，PM2.5指数爆表，大气污染橙色直至红色预警拉响。2013年12月4日，南京发布大气污染红色预警，南京市教育局要求各中小学及幼儿园停课。浙江省气象局在2013年12月4日晚将霾黄色预警信号升级为霾橙色预警信号，2013年12月5日7时继续发布大雾橙色预警，全省11地市均遭受严重的空气污染。上海在12月5日连发两次橙色预警。

面对"十面霾伏"的大气状况，为了还一片"蓝天"，长三角各省市开始大气污染治理的合作。早在2009年，长三角区域已经开始合作治理大气污

① 吴志功主编:《京津冀雾霾治理一体化研究》，北京:科学出版社，2015年，第185页。

染。为办好2010年上海世博会，确保世博会期间上海空气质量达标，2009年12月，上海市与浙江省、江苏省环保部门制定《2010年上海世博会长三角区域环境空气质量保障联防联控措施》，严格控制大气污染排放，并实现环境空气质量监测数据的共享。世博会期间，由上海、杭州、南京、连云港、苏州、宁波、嘉兴、南通、舟山共9个城市的53个空气质量自动监测站组成长三角区域环境监测网络，建立区域环境空气质量预报会商小组。2012年11月16日，江、浙、沪两省一市宣布联合试发布细颗粒物监测信息，并于2012年12月1日在全国率先统一发布，为空气质量数据共享开了一个好头。

2014年1月，针对2013年年底的雾霾事件，由长三角三省一市和国家八部委组成的长三角区域大气污染防治协作机制启动，长三角区域大气污染防治协作小组在上海召开第一次工作会议。会议明确了"协商统筹、责任共担、信息共享、联防联控"的协作原则，明确了五项具体职能：一是协调推进大气污染防治的方针、政策和重要部署的贯彻落实；二是研究长三角区域涉及大气污染防治的重大问题；三是推进长三角区域大气污染防治联防联控工作，通报交流区域大气污染防治工作进展和大气环境质量状况，协调解决区域突出大气环境问题；四是推动长三角区域在节能减排、污染排放、产业准入和淘汰等方面环境标准的逐步对接统一；五是推进落实长三角区域大气环境信息共享、预报预警、应急联动、联合执法和科研合作。2014年4月，长三角区域大气污染防治协作小组在办公会议上又审议通过了《长三角区域落实大气污染防治行动计划实施细则》，这一细则明确了六大重点任务及28项具体细则，确保到2017年长三角区域细颗粒物平均浓度在2012年基础上下降20%。该细则规定，到2017年年底，沪、浙、苏实现煤炭消费总量负增长，禁止审批新建燃煤发电项目，上海取消分散燃煤设施，安徽实现合理控制，鼓励"上大压小"，推进现役燃煤机组技术改造。同时，长三角区域节能设备必须选取达到一级能效的产品。在防治机动车污染方面，该细则明确长三角区域应先于国家要求实施油品升级；采取公交优先战略，上海2015年市中心区域公交出行比例超过50%，到2017年，江苏城市居民公交出行比例达到24%，浙江超过30%，安徽超过40%；同时加快淘汰黄标车和老旧车辆，2015年年底前沪、浙、苏淘汰全部黄标车，2017年淘汰范围进一步扩大至整个长三角。

2014 年 11 月，环境保护部下发《长三角区域重点行业大气污染限期治理方案》，指导三省一市开展重点行业的大气污染治理。2014 年 12 月，长三角区域大气污染防治协作小组在上海召开第二次工作会议。会议形成了《长三角区域大气污染防治协作 2015 年重点工作建议》，明确长三角区域 2015 年大气污染防治协作工作重点包括三个方面十条措施。一是加大重点治理工作力度。根据国家要求和区域特点，聚焦煤炭消费总量控制和清洁能源替代、煤电节能减排升级与改造、工业结构调整和污染治理、机动车污染防治、秸秆和扬尘污染治理五个方面。其中，在清洁能源替代方面，上海将全面完成燃煤中小工业锅炉（窑炉）淘汰，江苏、浙江基本完成城市建成区 10 蒸吨以下锅炉淘汰。在电力污染减排方面，在全面达到现行燃煤电厂排放标准的基础上，推进一批超低排放的示范改造项目。在工业污染防治方面，实施以控制大气主要污染物为重点的污染企业结构调整和综合治理。在机动车污染防治方面，形成《2015 年区域黄标车异地协同监管方案》，上海、江苏、浙江全面淘汰黄标车，安徽基本淘汰 2005 年以前注册的黄标车。在秸秆治理方面，在巩固禁烧成果基础上，深入推进秸秆综合利用，进一步减少区域火点数。在扬尘控制方面，推广装配式建筑源头减尘，落实绿色施工、文明施工精细化控尘。二是共同探索启动薄弱环节的治理工作。非道路移动机械、港口船舶，都是具有区域特色的重点污染来源。在非道路移动机械污染治理方面，摸清家底，研究排放标准，探索形成管理体系和信息共享机制。在港口船舶大气污染防治方面，共同推动在用船舶排放标准制定，加快内河船舶油品升级和老旧船舶淘汰，推进港口“岸电”，落实监督管理。三是加强区域政策对接和技术协作。在强化污染治理的同时，加强规划与法规标准的对接、政策协同和技术合作。

2015 年 4 月，长三角大气污染防治协作机制办公室第四次会议在杭州召开。会议总结了之前大气综合治理成果，审议了《长三角区域协同推进高污染车辆环保治理的行动计划》和《长三角区域协同推进港口船舶大气污染防治工作方案》。根据《长三角区域协同推进高污染车辆环保治理的行动计划》，推进机动车异地协同监管。上海市牵头建立区域机动车环保数据共享机制，推动“国一”“国二”汽油车和“国三”柴油货车等老旧车辆信息全面归集共享，并建立长三角机动车环保信息系统，实现三省一市机动车环保信息及时交换更新，保障异地执法监管。根据《长三角区域协同推进港口船舶大气污染防治工作方案》，长三角地区启动船舶排放控制区建设。2016 年 1 月 19 日，正式启动长三角区域船舶排放控制区建设，建立上下对接、省市联动的工作机制。按照实施范围、启动时间、控制标准、监管要求的“四个协调一致”原则，自 2016 年 4 月 1 日起，上海、江苏、浙江率先在区域四个核心港口(上海、宁波-舟山、苏州、南通)实施船舶靠岸停泊期间换用低硫油或采用岸电等低排放措施。

二、长三角区域协作治理大气污染的初步成效

2014 年 1 月，长三角区域大气污染防治协作机制在上海正式启动，开启了长三角区域协作治理大气环境污染的新局面。经过召开多次区域性大气防控协调会议，长三角区域大气污染治理已经取得了阶段性成效，初步建立联防联控网络，已经形成深层次合作机制，长三角区域的空气质量得到明显改善。在南京青年奥林匹克运动会和浙江乌镇世界互联网大会期间，空气质量都得到有效保障，联防机制的成效得到有效体现。①

1. 制度保障初步形成

长三角区域大气污染防治协作机制是由上海、江苏、浙江和安徽省建立的联防联控长效战略合作机制。在地理区域上，涵盖了长江下游地区的三省一市；三省一市行政级别相同，不具有领导与被领导的关系，在大气污染防治上是协作防治关系。组建协作小组办公室，具体负责长三角区域大气污染防治工作的协调推进。长三角区域大气污染防治协作机制在成立之时明确了“协商统筹、责任共担、信息共享、联防联控”的协作原则，建立了“会议协商、分工协作、共享联动、科技协作、跟踪评估”五个工作机制，制定了《长三角区域落实大气污染防治行动计划实施细则》，确定了控制煤炭消费总量、加强产业结构调整、防治机动车船污染、强化污染协同减排六大重点，明确划定了最后期限：到 2017 年年底，苏、浙、沪实现煤炭消费总量负增长，安徽合理控制煤炭消费总量；长三角区域至少提前一年完成“十二五”落后产能淘汰任务；到 2015 年，苏、浙、沪实现黄标车全部淘汰；到 2017 年，苏、浙、沪细颗粒物平均浓度在 2012 年基础上下降 20%左右，安徽可吸入颗粒

---

① 蔡新华：《长三角区域大气污染防治协作机制运行一年联手治霾效果不凡》，《中国环境报》2014 年 12 月 18 日。

物浓度下降10%以上。此外，协作机制办公室制定了《长三角重点行业大气污染物限期治理方案》《长三角区域协同推进高污染车辆环保治理的行动计划》和《长三角区域协同推进港口船舶大气污染防治工作方案》。

针对实施计划，三省一市也制定了适合本地区的大气污染防治计划。上海市制定《上海市大气污染防治条例》，明确长三角区域相关省市建立大气污染防治协调合作机制，定期协商区域内大气污染防治重大事项；研究制定区域统一的货运汽车和长途客车更新淘汰标准；会同长三角区域相关省建立区域重污染天气应急联动机制；会同长三角区域相关省，在防治机动车污染、禁止秸秆露天焚烧等领域探索联动执法。浙江省制定《2014年浙江省大气污染防治实施计划》和《浙江省大气污染防治行动计划实施情况考核办法(试行)》，通过实施大气污染防治重点工程，强化管理，有效减少大气污染物排放，努力实现全省环境空气质量逐步改善、重污染天气逐渐减少、设区城市环境空气质量(AQI)优良率达到69%以上；落实长三角区域大气污染联防联控机制，加强与周边省市的协作，组织实施联合检查执法、资源信息共享、监测预警应急等大气污染防治措施，协调解决跨区域大气环境突出问题，及时通报大气污染防治工作进展，提高跨区域大气污染应急联动、协作处置的能力。江苏省制定《江苏省大气污染防治条例》和《江苏省大气污染防治行动计划实施方案》，明确江苏省积极参与长江三角洲区域大气污染防治协作机制，建设区域联动的重污染天气应急响应体系；大力推进产业结构和能源结构调整，深入开展工业废气、机动车尾气、城市扬尘等各类污染物的综合治理，严厉整治环境违法、违规行为，建立健全政府统领、企业施治、市场驱动、公众参与的大气污染防治联防联控新机制，凝聚全省之力改善空气质量，切实保障人民群众身体健康。经过努力，江苏全省空气质量明显好转，重污染天数控制在较低水平；到2017年，各省辖市细颗粒物平均浓度比2012年下降20%左右。安徽省出台《安徽省大气污染防治条例》和《安徽省大气污染防治行动计划实施方案》，力争到2022年，基本消除重污染天气，全省空气质量明显改善。

2. 支撑体系基本成型

为推进“协商统筹、责任共担、信息共享、联防联控”区域协作机制的顺利运行，建立长三角区域空气质量预测预报中心，建立区域空气质量预测预报体系和区域环境气象预报预警体系。在长三角区域大气污染防治协作机制建立之初，由上海市牵头组建，江苏、浙江、安徽三省参与的长三角大气污染科研平台成立并展开工作。该平台主要由“长三角区域空气质量预测预报体系”，以及“区域大气污染源解析”和“大气质量改善关键措施”两个国家重点科研项目组成。“预报体系”汇集苏、浙、沪、皖大气监测点的实时数据，大气监测的各项数据不局限于上海市一地，追踪、分析长三角区域内所有大块污染气团，涵盖三省一市。在2014年的南京青奥会期间，该体系针对青奥会期间的大气质量，专门发布相关监测报告20余份，为科学决策、保障青奥会环境空气质量发挥了重要作用。该监测体系对外发布区域空气质量预报，建成长三角区域的大气数据共享中心、研判中心和会商中心；通过重点攻关“区域大气污染源解析”和“大气治理改善关键措施”两项国家级大气污染治理课题，进一步澄清大气污染的具体情况，对污染生成、发展规律进行总结梳理，为大气污染治理政策发布、环保标准修订提供更多参考。

3.联防机制初现成效

根据大气污染防治计划进程，三省一市陆续执行大气污染防治的各项措施，对机动车污染、高耗能高排放企业等进行专项整治。燃煤锅炉和炉窑清洁能源替代迅速展开，三省一市在2014年1—10月实施7844台燃煤锅炉和炉窑清洁能源替代。机动车污染防治工作启动，三省一市分别划定黄标车限行范围，共淘汰83万辆黄标车和老旧车辆。为严抓工业污染防治，上海市出台了产业结构调整负面清单及能效指南等文件，江苏省在9个省级沿海化工区开展整治试点，浙江省将5740家企业纳入重污染高能耗行业整治范围，安徽省对504家重点行业企业实施强制性清洁生产审核。结合国家发改委1.5亿元秸秆综合利用专项资金，江苏省、上海市落实补贴、推进综合利用，浙江省以点促面构建综合利用长效机制，安徽省在主流媒体上公布秸秆焚烧火点。三省一市还建立了长三角区域空气质量预测预报中心，并在2014年8月南京青奥会和同年11月浙江省乌镇世界互联网大会中进行了实战演练。

三、长三角区域大气污染防治协作机制运行存在的问题

尽管目前长三角区域大气污染联防联治多项行动计划已初步实施并取得一定成效，各地区也制定了配套的大气污染防控条例和实施计划，但在具体操作上，由于缺乏统一机构领导，协作不畅、合力不足、行政干预过多、市

场手段缺乏等问题阻碍着联防联控机制的运行。长三角区域真正走到一起，步调一致地进行大气污染防治，依旧需要进行更深的协调与合作。

长三角三省一市虽然在地理位置上紧密毗邻，但经济发展水平并不平衡。2014 年，上海、江苏、浙江的人均地区生产总值都超过了 7 万元，而安徽省的人均地区生产总值则为 3 万多元，存在较大的差距。江苏省内苏北与苏南的经济差距很大。经济发展状况差异，势必造成各地对区域大气污染防治的投入不同。此外，长三角区域大气污染防治协作机制总体上依然保留了部门分治、区域分割的方式，缺乏从"分而治之"转变为"协同治理"、从"单一执法"转变为"整合执法"的制度措施。

目前，大气区域传输性污染越来越明显。由于各地方的法规、排放标准和管理措施不一致，仅靠各地方进行直接协商，不能从根本上解决协同管理问题。而且，区域协作目前主要凭交情、感情来进行跨区域的环境污染事件的处理，各省市都没有制定明确的量化目标、清晰的职责和完善的考核机制。所以，必须制定区域大气污染防治的法律制度规范，以保障区域大气污染协作治理机制的顺利运行；要赋予区域联防联治机制以相应的法律权力，否则起不到应有的约束作用。

四、推进长三角区域深度协作治理大气污染

"同雾霾，共命运"已成为当下长三角区域乃至全国大部分地区不可回避的事实。加强区域间的联防联控是有效治理大气污染的重要措施。因此，要进一步健全和完善区域联防联控的体制机制，加强区域内各地方、各部门的联动协作，建立起有效的协作防控机制。

1. 加强顶层设计，统筹区域大气污染防治

长三角地区三省一市围绕《长三角区域落实大气污染防治行动计划实施细则》分别提出了本省（市）的防治方案，但由于经济条件的差距，各省（市）制定的具体执行政策和标准又是不统一的。例如，在清洁能源替代上，2015 年上海全面完成燃煤中小工业锅炉窑炉淘汰，江苏、浙江、安徽基本完成城市建成区 10 蒸吨以下锅炉淘汰；在机动车污染防治方面，上海、江苏、浙江全面淘汰黄标车，安徽基本淘汰 2005 年以前注册的黄标车；在大气污染物违规排放处罚上，浙江和上海两地规定对于排污单位违反排放许可证规定处罚的下限是 1 万元，而江苏省的下限是 5 万元，安徽省的下限是 10

万元，浙江省和上海市对违规排放主要大气污染物罚款的上限是10万元，而江苏规定的上限是20万元，安徽规定的上限是50万元。对于同事项、同责任在同一区域处罚力度的不同，会产生同事不同罚现象，导致处罚不公，有处罚不当之嫌疑，也不利于区域规则一体化的发展。[①] 要实现大气污染的有效整治，必须打破利益羁绊，成立统一的长三角区域大气污染防治机构，统一执法和治理标准，并组织开展区域内的大气污染数据监测和研判工作，依据监测数据制定统一的大气污染治理手段。

2. 协调区域经济发展，完善体制机制建设

长三角地区三省一市经济发展不平衡，安徽与江苏、浙江、上海之间在经济发展水平上差距较大，发展的不平衡势必会对区域环境保护产生阻碍，进而影响区域大气污染防治的整体工作推进。要完善区域的生态补偿机制，生态补偿机制就是坚持"水污染，谁治理；谁受益，谁付费"的原则。近几年，浙皖两省在新安江水环境保护上进行了积极探索，形成了可行的生态补偿标准和补偿机制，取得了明显成效。"实行区域大气污染联防联控，不是追求一个地方的利益，而是在实现各个地区的利益平衡中进一步实现区域空气质量的改善。"[②]长三角三省一市在大气污染防治上可以吸收国内生态补偿的经验，建立大气环境的生态补偿机制和办法，在充分权衡多地区的环保利益的前提下，才能调动各方治理大气污染的积极性并取得实际效果。要树立"共同利益"理念，完善利益共享机制。将三省一市建构成一个合作共赢的利益共同体，在协作治理大气污染上实现利益的公平分配，保持合作积极性。构建区域大气污染物排放交易市场，加快二氧化碳等大气污染物排放核算、核查、配额核定等方面的一体化研究，通过实现自由的跨区域交易，形成合理价格，让排污交易起到应有的减排作用。

3. 加强大气污染治理联动能力，完善支撑平台建设

要建构长三角大气污染治理的法律和规章制度保障体系，实现大气环境治理中有法可依。三省一市都制定了大气污染防治条例，提出了本地区

---

① 周思平等：《区域大气污染防治协作立法研究——以长三角为例》，《宁波广播电视大学学报》2015年第1期。

② 吴志功主编：《京津冀雾霾治理一体化研究》，北京：科学出版社，2015年，第219页。

的执行措施和处罚机制。因不同地区间的处罚标准不同,污染处罚的效果并不相同。要按照平等原则,制定长三角大气污染防治条例。要设立统一的区域大气污染防治机构,开展统一的监测、预警和治理,协调各地区、各部门进行大气污染治理。要完善公众参与机制,激发公众参与的积极性,通过电视、广播、报纸、微博、微信等手段,搭建公众参与大气污染治理的渠道,推动公众参与长三角大气污染区域联防联控工作。

第五章　“五水共治”:建设美丽浙江的新举措

美丽浙江建设不是主观臆断,而是一种合规律性的追求。[①] “五水共治”是全面深化美丽浙江建设的新举措。“五水共治”是指治污水、防洪水、排涝水、保供水、抓节水这五项工作。“五水共治”是浙江省结合自身发展实际提出的全面治水目标与思路,是进一步推进美丽浙江建设的关键之策。“五水共治”具有一石多鸟的功效,既能扩大投资又可以促进产业转型升级,既能优化生态环境又能惠及民生,是浙江生态文明建设的重要内容。

第一节　综合治水的目标与原则

浙江省高度重视生态文明建设。2003 年 6 月,浙江省十届人大常委会第四次会议通过了《浙江省人民代表大会常务委员会关于建设生态省的决定》。同年 8 月,浙江省政府印发《浙江生态省建设规划纲要》,明确了浙江生态省建设的总体目标,生态省建设全面启动。2010 年 6 月,中共浙江省委十二届七次全会做出关于推进生态文明建设的决定,明确提出走生态立省之路。2014 年 5 月,中共浙江省委十三届五次全会做出“建设美丽浙江,创造美好生活”的决策部署,提出要建设“富饶秀美、和谐安康、人文昌盛、宜业宜居”的美丽浙江。

综合治水、改善水环境是浙江省生态文明建设的重要内容之一。“811”环境污染整治行动(2004—2007 年)、“811”环境保护新 3 年行动(2008—2010 年)、“811”生态文明建设推进行动(2011—2015 年),都把水污染防治作为重头戏。2013 年 11 月,浙江省政府常务会议决定在全省范围内全面

① 沈满洪等:《美丽浙江建设须遵循三大规律》,《浙江经济》2014 年第 22 期。

实施“河长制”，将其作为新一轮治水工作的有力抓手。当月月底，中共浙江省委召开十三届四次全会，做出“五水共治”重大决策，明确提出要以治水为突破口推进转型升级。同年12月，在全省经济工作会议上“五水共治”行动正式启动。“五水共治”的具体目标是：三年（2014—2016年）要解决突出问题，明显见效；五年（2014—2018年）要基本解决问题，全面改观；七年（2014—2020年）要基本不出问题，实现质变。2014年9月，浙江省公布首批“清三河”达标县，全省有41个县（市、区）已基本消除黑河、臭河、垃圾河。

2014年12月，浙江省政府常务会议通过《浙江省综合治水工作规定》，为科学治水、依法治水、全民治水、长效治水提供了立法保障。《浙江省综合治水工作规定》指出，综合治水是指以治污水为主，防洪水、排涝水、保供水、抓节水等共同推进的治水工作。“五水共治”是综合性、全面性的治水工程。“五水共治，好比五个手指头，治污水是大拇指，防洪水、排涝水、保供水、抓节水，分别是其他四指，分工有别，和而不同，握起来就是个拳头。”“五水共治”实质上是“绿水青山就是金山银山”和“山水林田湖是一个生命共同体”理念的具体化。治水就是抓绿色发展、优化环境，通过综合治水来推进粗放型经济增长模式的转变，以水质指标为硬约束来倒逼产业转型升级，实现绿色发展和可持续发展。

一、“五水共治”的基本要求与推进思路

浙江省对实施“五水共治”提出了具体可行的要求，在治水实践中逐步形成了明晰的推进思路。

1. 充分认识“五水共治”行动的重要性

为建设美丽浙江，浙江省委、省政府将“五水共治”作为全面深化改革的重要内容和重点突破的改革项目。建设美丽浙江、创造美好生活，是建设美丽中国在浙江的具体实践，也是对建设“绿色浙江”“生态省”“全国生态文明示范区”等战略目标的提升。实施全面治水战略不仅可以让浙江人更深刻地理解水文化的价值，让人们热爱水、珍惜水、节约水，而且可以有效治理地江河水流的水污染问题，这直接关系到民生和社会平安稳定，关乎人水和谐，是平安浙江建设的应有之义，是“绿色浙江”“生态浙江”的重要组成部分。

2.综合治水以服务民生,保证水环境安全为理念

全面治水要以保证民生安全为基本原则,以服务民生为基本理念。建立城乡一体的供水保障机制,全力监管城镇供水水质,使供水安全得到保障。加强污水处理设施建设和运行管理,实现县县建有污水处理设施目标,钱塘江流域、太湖流域、杭嘉湖地区实现镇镇建成污水处理设施目标。加强内涝防治,开展城市排水防涝设施普查和疏浚工作,探索内涝防治体制机制。

3.统筹推进,明确综合治水的目标任务

治污治涝是“五水共治”、综合治水要解决的主要问题。到2017年年底,基本消除易淹易涝片区和影响城市正常生产生活秩序的严重灾害现象,城市新区建设确保不发生新的内涝,用五年时间完成排水管网的雨污分流改造,用七年时间基本建成城市排水防涝工程体系;设区市污水处理率达到95%,县(市)达到90%,建制镇达到60%,所有污水处理厂出水执行一级A标准;全面完成县以上污泥处置设施建设改造,污泥无害化处置率达到95%,实现全省镇级污水处理设施全覆盖;对供水水源、水质不达标的城市,实现水厂深度处理工艺全覆盖,解决因水源污染和供水设施落后造成的水质问题;到2017年,城镇供水管网漏损率小于12%,污水再生水利用率达到12%,节水型器具普及率达到75%。

4.逐步推进,抓好综合治水的重点项目

“五水共治”作为生态文明建设的重要内容,涉及政治、经济、文化、民生等方方面面,是一项长期的系统工程。浙江省专门研究制定了“五水共治”行动计划:“五水共治”分3年、5年、7年三步走,实现三个阶段性目标;实施“固河堤、疏河道、新开河、畅管网、除涝点、强设施”六大防内涝工程;实施“管网配套、能力提升、升级改造、污泥处理处置设施建设、再生水利用”五大治污水工程;实施“提工艺、重改造、扩范围、增能力”四大保供水工程。[①]

5.综合推进,健全综合治水的推进机制和长效机制

浙江省以“五水共治”为突破口倒逼产业转型升级,完善实施创新驱动发展战略的体制机制,全面提升发展质量,完善“五水共治”推进机制和长效机制。坚持“规划先行、摸清家底、明确重点、近期优先、有序推进”,完善城

---

① 王祖强:《探索建立“五水共治”的长效机制》,《浙江经济》2014年第23期。

镇内涝防治、污水、供水、节水各项规划，重点完善城市排(雨)水防涝综合规划。制定《浙江省供水条例》，出台《浙江省关于加强城市内涝防治工作的实施意见》，重点解决城市防涝、城乡供水一体化、二次供水管理等问题，完善水价、电价等联动机制，确定合理的污水处理收费标准。落实项目责任和时间节点要求，各级建设、规划、水利、国土、民政等部门要分工协作、合力联动，将治水工程项目纳入审批程序"绿色通道"，提高项目审批效率和建设管理效率。建立多渠道资金筹集机制，以地方财政为主、省级财政为辅，明确各地每年将3%～5%的土地出让收入用于治涝，除从水利建设基金中安排一部分外，省级财政设专项资金以"以奖代补"方式鼓励地方加大治水工作力度。将治水各工程作为民生实事项目，纳入省政府对各地政府的年度目标考核，并对治涝和治污实行一票否决。加强对城市防涝、治污、供水等设施运行管理状况的检查督察。发挥各级人大、政协和新闻媒体的监督作用，为城市治水工作建言献策。通过各种方式广泛宣传防治内涝、整治污水、节约用水等相关知识，增强群众参与意识，提高群众自我防御、自助自救能力。

二、综合治水的理念与目标

一个秩序良好的社会，必然是"公共领域"和"私人领域"界限清晰的社会。"一般认为，私人领域是通过市场交易得以组织的。公共领域则是只通过政府制度才得以组织的。在其中，服务是通过公共行政体系提供的。"①公共事务属于公共权力管理的范畴，由公权力部门采用法律、行政、政策等多重手段去解决。私人事务由私人自己或私人之间(包括个人之间、组织协会之间)通过协商、交易等方式来解决。服务行政已经成为西方政府改革的指导思想，政府行政活动中的"服务"意识越来越强。政府开始由管制走向服务，政府不再把公众当作统治和管理的对象，而是将公众视为"顾客"，把自己看成是服务的提供者，自己的任务就是向这些"顾客"提供高效优质的服务。"服务已经成为21世纪政府行政管理的本质，服务精神是21世纪政

① 麦金尼斯主编：《多中心体制与地方公共经济》，毛寿龙、李梅译，上海：上海三联书店，2000年，第97页。

府行政的灵魂。”[①]“建设职能科学、结构优化、廉洁高效、人民满意的服务型政府”是中国行政体制改革的目标。服务型政府意味着从以管制为核心的执政理念转向以服务公众为核心的执政理念。建设服务型政府是由人民政府的性质决定的,是深化行政体制改革、加强政府自身建设的核心。同时,建设服务型政府也是推进中国政治发展的重要内容,通过以建设服务型政府为导向的政府改革来推动政治体制变革,促进中国政治发展。建设服务型政府要求政府及其公务人员牢固树立为人民服务理念,为促进社会发展和进步服务,为社会日益增长的物质和文化需求服务,为公众利益服务。要以人为本,尊重人们的主体地位,把维护好、实现好、发展好最广大人民根本利益作为政府工作的出发点和落脚点,最大限度地改善人民生活,增进人民福祉,促进和维护社会公平正义,真正做到发展成果由人民共享。人民政府只有为人民服务才有存在的价值和意义,政府必须以民为本,勇于担当,要“行大道,民为本,利天下”。

1. 通过综合治水,实现水环境安全并普惠民生

治水是政府环境治理保护的重要职责之一,良好的水环境是基本公共物品。地方政府是区域性水环境治理保护的责任主体,是综合治水行动的组织者和管理者,担负保护饮用水水源安全和水生态环境安全的责任。“水管理的问题是典型的公共池塘资源问题,很可能招致市场失败,而水的分配问题,则是典型的收费物品问题,也很可能存在垄断供给的市场缺陷。”[②]因此,只有政府通过一体化命令结构来组织和管理水环境资源,才能向社会公众提供优质的水环境服务,满足社会公众的水资源需求。“五水共治”是综合性的治水行动,只有政府主导,社会力量积极参与,才能实现治水目标。浙江省政府以保障水安全、服务民生为治水导向,强调抓治水就是抓深化改革,就是抓发展,就是惠民生。水与人们的生活息息相关,污水、洪水、涝水、供水和节水问题直接关系到社会平安稳定,关乎人水和谐。治理水污染、改善水环境是公众最期盼的事情之一,社会各界容易达成共识,因而,抓治水

---

① 李文良等:《中国政府职能转变问题报告》,北京:中国发展出版社,2003 年,第 108 页。

② 麦金尼斯主编:《多中心体制与地方公共经济》,毛寿龙、李梅译,上海:上海三联书店,2000 年,第 102 页。

就是抓平安稳定，就是促进社会和谐。

2.通过综合治水，倒逼产业转型升级

经济转型是指一个国家或地区的经济结构和经济制度在一定时期内发生的根本变化，其实质就是从一种经济运行状态转向另一种经济运行状态。经济转型表现为经济体制和经济增长方式的转变、经济结构的提升、支柱产业的更替，是经济体制和经济结构由量变到质变的转变过程。经济转型以主导产业的更替和产业结构的变化为前提，而产业转型受经济发展水平、自然资源与环境状况、人们的消费行为等因素的制约。经济转型升级是现代化进程中人们所面临的课题，自“环境库兹涅茨曲线”理论提出以后，产业转型升级与环境保护的互动就成为学界研究的一大热点。

随着我国经济发展水平的提高和经济实力的提升，经济发展与自然资源、环境保护的矛盾日益尖锐，这迫使人们解决产业转型升级与生态环境保护问题，实现在生态环境保护中“倒逼”产业升级转型，促使经济效益、社会效益、环境效益相统一，走可持续发展道路。产业活动作为人类经济活动与生态环境之间的重要纽带，其组合类型、强度变化在影响区域经济发展的同时，对生态环境也产生直接影响。面对自然资源供给紧缺、生态环境自净能力低下的现状，我国产业发展开始摆脱“先发展后治理，边污染边治理”的老路，逐步由“重工业，轻环保”向“重环保，促发展”的路径转化，重视生态环境的价值以及对经济发展的制约作用。把生态文明建设纳入中国特色社会主义事业的总体布局之中，“着力推进绿色发展、循环发展、低碳发展，形成节约资源和保护环境的空间格局”，利用“绿色、循环、低碳”等环保手段促产业转型升级，利用产业升级进行转型发展，实现节约资源和保护环境的空间格局。①

浙江省高度重视产业转型升级与生态环境保护的关系。“水环境综合治理与经济转型升级紧密相连，互为表里，转型升级之功一日不成，水污染之害就一日难除；反之亦然，水污染之害一日不除，转型升级之功也一日难成。”②综合治水与经济转型相互促进，相互制约。要从根本上治好水，关键

---

① 卢福财、朱文兴、胡平波：《产业转型与环境保护良性互动影响因素研究——以江西为例》，《江西社会科学》2014 年第 1 期。

② 黄丽丽、陈岳军：《一张蓝图绘到底》，《浙江日报》2016 年 1 月 13 日。

是要推进产业转型升级,淘汰落后产能,实现低能耗、低污染、高效益生产。“五水共治”是实现产业转型升级的突破口,水环境污染的表象在水中,源头在“岸上”,根源在于依赖资源环境过度消耗的粗放型发展方式,因而,通过综合治水要解决制约经济社会发展的高污染、高能耗问题,要加快发展“绿色环保、高效低耗、高端低碳”生态工业,实现绿色发展、低碳发展和循环发展。从治水入手,解决人们反映最强烈的江河湖海污染问题,进而推进经济结构调整和产业结构转型升级,形成“山水林天湖生命共同体”,进而建成“美丽浙江”。这是解决经济发展与生态环境资源之间矛盾的一个完整链条,综合治水是这个链条中最具关键性的一环。

3.通过综合治水,促进“两美浙江”建设

2014年5月,中共浙江省委十三届五次全会做出“建设美丽浙江,创造美好生活”的决策部署,提出要建设“富饶秀美、和谐安康、人文昌盛、宜业宜居”的美丽浙江。拥有天蓝、水清、山绿、地净的美好家园,是每个中国人的梦想,是中华民族伟大复兴中国梦的重要内容。美丽浙江是美丽中国的有机组成部分,建设“两美浙江”是浙江人民对美好生活的向往。建设“两美浙江”既体现为生产集约高效,生活宜居适度,生态山清水秀,也体现为百姓生活富足,人文精神彰显,社会和谐稳定。建设“两美浙江”要求我们放弃先污染后治理的发展模式,摒弃物质享乐主义的生活方式,崇尚集约节约、适度消费和精神文化享受,走人与自然和谐相处的绿色发展之路。建设“两美浙江”要求我们集中力量进行经济建设,发展生产力,创造丰富的物质财富;要求我们强化社会主义核心价值观引领,共建精神家园,增强人们的自豪感、幸福感、认同感,培养文明意识,倡导文明行为,提高人们的科学文化素养、民主法治素养、思想道德素养、生态文明素养,促进人的全面发展。总之,建设美丽浙江,创造美好生活,是建设物质富裕、精神富有的现代化浙江的升华,是深入实施“八八战略”的要求,顺应了人们对美好生活的新期待,是美丽中国建设在浙江的具体实践。

“五水共治”是建设“两美浙江”的突破口。“五水共治,治污先行”,治污水围绕“清三河、两覆盖、两转型”这些重点问题展开,统筹推进,科学治水,抓落实,抓重点,抓进度,见成效。“清三河”就是要清理黑河、臭河、垃圾河,大江大河的水污染大部分是由小溪小河的水污染汇集而成的,治理大江大河的污染要先堵住污染源,要先治理小溪小河的水污染。黑臭河、“牛奶河”、垃圾河是工业污染、农业污染和生活污染的集中显现，直接影响人们的生产生活，危害人们的身体健康，群众反映强烈。“清三河”要求基本实现水体不黑不臭，水面不油不污，水质无毒无害，水中能游泳。“两覆盖”就是力争2016年，最迟2017年，实现城镇截污纳管全覆盖，农村污水处理、生活垃圾集中处理全覆盖。“两转型”就是一抓工业转型，加快电镀、造纸、印染、制革、化工、蓄铅等高污染行业的淘汰落后和整治提升；二抓农业转型，坚持生态化、集约化方向，推进种养殖业的集聚化、规模化经营和污物排放的集中化、无害化处理，控制农业面源污染。同时，统筹进行防洪水、排涝水、保供水、抓节水，加快防洪排涝工程建设，切实保障城乡居民饮用水安全，完善节约用水体制机制。

三、以科学原则指导综合治水行动

“五水共治”要取得预期效果，在治水过程中必须以科学原则为指导。

1.科学决策

科学决策是按照决策的科学理论和健全程序，运用科学的决策方法进行决策的活动。科学决策具有程序性、创造性、择优性和指导性。科学决策过程是决策的领导者与专家、实际工作者互动的过程。在这个过程中，参与决策的主体相互配合，形成决策。科学决策要求严格实行科学的决策程序，依靠专家，运用科学的决策技术和思维方法进行决断。“五水共治”这一决策部署是浙江省委、省政府科学决策的结果，是结合浙江省经济发展和生态环境现状以及存在的问题提出的，目的是解决经济发展和生态环境之间的矛盾，推进产业转型升级，建设美丽浙江，创造美好生活。这一决策目标直接决定“五水共治”的成效，直接决定“五水共治”具体政策和措施的制定与实施。

2.统筹协调

统筹协调不仅是工作方法，也是思想方法。在不同时期，由于统筹协调的对象不同和内容差异，运用统筹协调的方法也有不同的要求。“五水共治”行动涵盖了政治、经济、文化、生态等多个层面，要求必须用统筹协调的方法与思路来处理综合治水过程中的各种利益关系。随着改革开放的深入和市场经济的发展，我国城乡结构、经济结构、社会结构都发生了重大变化，人们的思想观念与社会利益格局也随之发生了新变化：一方面，人们更加关注自身利益,更加注重利益诉求表达;另一方面,不同社会群体的利益关系更加复杂,协调难度加大。“五水共治”不仅要统筹协调不同利益群体之间的关系,还要协调不同部门、不同时间段的工作关系,协调不同地区在开展综合治水时的因地制宜、相互协作关系。需要综合运用法律、政策、经济等手段,运用宣传、教育、协商、疏导等办法加以协调沟通。

3.社会参与

社会参与是在政府决策过程及决策执行过程中社会公众的参与程序、方式、内容、程度。在综合治水的过程中,必须发挥政府的主导作用,同时鼓励和支持社会各方面力量的参与,实现政府主导与社会公众广泛参与的良性互动。政府主导主要是为治水提供完善的政策支持和更好的公共服务,政府及职能部门能够有效协调治水行动,通过完善治水法规政策、健全治水体系与治水机制,为公民和社会组织参与治水创造条件。同时,加强综合治水行动的社会协调,充分发挥企业、社会组织和公民个人在治水过程中的重要作用:督促企业履行社会责任,自觉控制污染,推行清洁生产,采用先进技术和工艺,追求绿色效益;发挥广播、电视、报刊、网络等新闻媒体的导向和监督作用,开展多形式的治水节水宣传教育活动,形成推进综合治水的良好氛围;发挥民间环保组织在水环保专项行动、水环保监督、水环保宣传等方面的作用;提高公民参与综合治水的责任意识,对产业布局、城乡水利工程建设规划、治污设施建设等重大项目采取公示、听证等形式,听取专家和公众意见,取得全社会的关心、支持,形成社会参与综合治水的强大合力。

4.长效管理

长效管理是综合治水必须坚持的一项重要原则,只有坚持长效管理,才能使综合治水的成效久长。诚然,治水不可能一劳永逸,其成效必然会随着时间、条件的变化而变化。但是,治水必须有较长时期的成效,不能今日河水变清了,明天河水又变黑臭了;治理后的河水一段时间内“环保局长能下河游泳”,不能之后河水里的鱼鳖虾蟹又不能存活了。因此,综合治水要有规范、稳定、配套的制度规定,要有推动制度正常运行的“动力源”,要有积极推动和监督制度运行的组织和个体。综合治水的长效管理要坚持科学推进,完善配套项目,分阶段、按步骤地制定计划并落实执行。按照“规划先行、摸清家底、明确重点、近期优先、有序推进”的思路,完善城镇内涝防治、污水、供水、节水各项规划。实施“固河堤、疏河道、新开河、畅管网、除涝点、强设施”防内涝工程；实施“管网配套、能力提升、升级改造、污泥处理处置设施建设、再生水利用”治污水工程；实施“提工艺、重改造、扩范围、增能力”保供水工程。这些工程完工后，要保证工程在较长时期发挥作用，必须建立长效的保障机制，精心维修维护。浙江省出台了《浙江省人民政府办公厅关于加强城市内涝防治工作的实施意见》等，重点解决城市防涝、城乡供水一体化、二次供水管理等问题，完善水价、电价等联动机制，确定污水处理的合理收费标准和方法。落实项目责任和时间节点要求，健全建设、规划、水利、国土、民政等部门的分工协作、合力联动的工作机制，将治水工程项目纳入审批程序“绿色通道”，提高项目审批效率和建设管理效率。建立多渠道资金筹集机制，以地方财政为主，以省级财政为辅，各地每年将3%～5%的土地出让收入用于治涝，除从水利建设基金中安排一部分外，省级财政设专项资金以“以奖代补”方式鼓励地方加大治水工作力度。将治水各工程作为民生实事项目，纳入省政府对各地政府的年度目标考核，对治涝和治污实行一票否决，加强对城市防涝、治污、供水等设施运行管理状况的检查督察。

四、“五水共治”是综合性的治水行动

“五水共治”是一场全社会的全面性、综合性、系统性、协同性治水行动，治污水、防洪水、排涝水、保供水、抓节水这五个方面是一个涉及政治、经济、文化、民生等方方面面的综合性系统工程。“五水共治”以“水”为核心点，涉及水的物品属性和人类水行为两个方面：水的物品属性包括水的自然属性、经济属性和社会属性；人类水行为涵盖了水权分配、水的使用、水的治理、水务管理、水设施建设管理、用水观念与用水行为等。人类水行为受社会生产方式的制约，社会生产力发展水平的高低决定治水能力的强弱。人类社会不同时期的治水行为，其治水内容、治水重点、治水方式有着明显的差异。“五水共治”是一场全面性的治水行为，是在面临水污染严重、水资源产权虚置、内涝洪涝水患仍存、排水设施不完善、公众节水意识不强的背景而展开的。这一综合治水行为是政府主导、企业和社会公众主动参与的协同行为，是依靠行政命令、法治、市场、现代科技、社会动员等手段共同作用的行为，治水结果要达到标本兼治、实效显著、成效久远、水环境安全、水生态良好。

1.“治污水”是“五水共治”行动的重点

“治污水”就是要解决高投入、高消耗、高污染、低产出、低效益的粗放型

经济发展方式,以及人们环保意识差、水环保基础设施滞后、监管不到位等诸多因素造成的工业污染、农业污染、生活污染对水体水质带来的严重危害。目前,浙江省水体水质恶化的趋势已经基本得到遏止,省环保厅公布的相关数据显示,全省地表水总体水质为轻度污染。但全省主要水系部分河段水环境问题仍然突出,平原河网和近岸海域污染严重,一些城乡河道“脏乱差”,河水发黑发臭。水污染的严峻形势决定了“治污水”是“五水共治”中的关键和重点。“治污水”就是重点整治黑河、臭河、垃圾河,实现城镇截污纳管和农村污水处理,以及生活垃圾集中处理基本覆盖,促进工业产业转型和农业产业转型。

2.“防洪水”“排涝水”是“五水共治”行动的重要内容

浙江省是洪涝灾害频繁而且严重的地区。洪涝灾害损失居各种自然灾害之首,成为浙江省国民经济发展的一大制约因素。洪涝灾害对浙江省的生产生活造成严重影响,甚至吞噬人们宝贵的生命。“防洪水”“排涝水”就是要建立和完善防洪排涝减灾安全保障体系,实施有效的洪涝水管理,加快完善排涝设施;植树造林,提高森林覆盖率,维护自然生态平衡;加大水利工程设施投资和建设力度,做好洪涝灾害的监测预报预警,减少洪涝灾害带来的损失。

3.“保供水”是“五水共治”行动的基本任务

饮用水是人们生活的基本要素,饮水安全既是人权的基本体现也关系到社会稳定。确保水资源安全调度和有效供给、保证城乡老百姓饮水安全是衡量民生幸福指数的重要指标。目前,浙江饮用水水源保护区内还有不少安全隐患,部分城市还没有备用水源,饮用水水源应急预警机制不配套、长效管理不到位。为此,应加快建设应急水源,确保所有城市具备两个以上水源供水能力,提升饮用水水源安全保障能力;做好饮用水的汲取、输送、净化和配水全系统防范水污染,加强水源地规范化建设,保证供水设施质量状况良好;强化风险管理,防范饮水安全突发事故,建立与防范水污染突发事件相结合的水质检测制度。

4.“抓节水”是“五水共治”行动不可或缺的重要方面

浙江省水源性缺水严重,同时,浙江省又存在用水效率较低、水资源配置不合理、节水效益低下、水资源浪费现象。节水不仅有经济因素,而且有利于抑制水资源枯竭。因此,既要满足人们对水的基本需要,又要引导推动人们节约用水，增强全社会的节水意识，健全节水法规体系，建立健全节水管理制度，严格限制高耗水型工业项目的审批和建设，大力发展低耗水的高新技术企业，发展绿色经济。农业领域、服务业领域、生活领域都要大力推广先进实用的节水技术。

第二节 “五水共治”行动的推进机制

美丽浙江是浙江省生态文明建设的目标，美丽浙江建设的显著标志是生态环境优美宜居。美丽浙江建设的核心任务是防治环境污染，加强生态保护，改善环境质量，增强生态系统服务功能，满足人们享有良好人居环境的期待，营造天蓝、地绿、水净的美好家园。“五水共治”是打造最美人居环境的重要举措，是健全水生态环境保障体系的依托。

一、“五水共治”工作协调机制

“五水共治”行动涉及政府多个部门，需要跨行政区域的合作。推进“五水共治”需要在政府部门之间建立综合治水的工作协调机制，需要建立政府部门间的综合治水工作协调机制、跨行政区域的治水协作机制和河段管理的“河长制”。

1.政府部门间的综合治水工作协调机制

经济全球化、信息化和区域经济一体化进程的加快，带来了行政区内大量社会公共问题的外溢化和无界化，诸如跨行政区环境保护、突发危机事件处理、地方基础设施建设等都超越体制性的地理界限，对区域内其他邻近地区产生外部效应。地方政府从过去单纯地只面对诸如社区发展、社会服务、教育文化、公共安全等单一行政区域内的问题，转变成面对诸如流域治理、环境保护、交通运输等多面向的跨部门、跨区域公共事务。面对这些变化，政府部门要建立统筹协调工作机制，不同部门在工作目标上要达到协调一致。开展“五水共治”首先要明确政府有关部门在“治水”工作中的职责。《浙江省综合治水工作规定》第十六条明确要求，“设区的市、县（市、区）人民政府及其有关部门应当采取措施，加强对治水基础设施维护管理的监督检查，保障其有效运行”；第十七条要求，“设区的市、县（市、区）人民政府有关部门可以通过多种形式,引导市场主体参与污水和垃圾处理、河道清淤保洁以及污泥处置等治水项目的经营或者投资。有关部门应当依法与相关市场主体签订协议,明确责任和义务,并加强监督管理,确保服务质量和效率。鼓励排污单位委托专业机构以一体化模式承担污染治理工程的设计、建设和运营”。“五水共治”是综合性的生态环境治理保护工作,不仅关乎环保,还涉及水利、民生等领域。在各级政府的带领下,政府有关部门之间需要通力合作。《浙江省综合治水工作规定》要求省环境保护、水利、住房和城乡建设、农业和农村综合管理、经济和信息化、海洋与渔业、农业以及质量技术监督等部门改变“封闭式”的部门工作思路,加强联系和沟通,以“五水共治”为契机,搭建部门协作的新平台,拓展政府工作新思路。①

2.跨行政区域的治水协作机制

基于行政区划刚性约束,囿于“封闭性”的传统治理模式缺陷日趋突出,行政区划内的单一地方政府对提供区域性公共产品力不从心。随着区域经济一体化的加强,城市群的共同发展令城市周边经济快速增长,使地区资源和生态环境问题趋于共性化,跨行政区环境污染的影响日益凸显,地方政府逐步意识到,跨区域环境污染问题无法由某一地方政府独立而有效地解决。地方政府间的协作是解决跨行政区环境问题的重要途径,“五水共治”行动的开展需要建立跨行政区域、跨流域水生态环境治理保护协作机制。在区域经济一体化的背景下,在解决诸如生态环境治理保护等区域性公共问题上,各级政府的管辖边界是相互渗透的,各级政府部门的利益与行为是相互牵涉的,政府不再是层次分明的“夹心蛋糕”,而是部分之间相互依托、相互牵连的“木柱篱笆”。②

《浙江省综合治水工作规定》第十八条要求,“同一流域相邻的设区的市、县(市、区)人民政府应当建立治水协商协作机制,合理开发、利用水资源。设区的市、县(市、区)人民政府及其有关部门发现河面出现较大面积漂浮物时,应及时组织拦截、清理,调查来源,并通知流入地和流出地等相关人

① 浙江省人民政府:《浙江省综合治水工作规定》,http://www.zj.gov.cn/art/2015/8/5/art_12455_242607.html。

② 库珀等:《二十一世纪的公共行政:挑战与改革》,王巧玲等译,北京:中国人民大学出版,2006年,第5页。

民政府及其有关部门；相关人民政府及其有关部门应当立即组织人员，采取措施，共同参与处置”；第十九条要求：“对跨行政区域流域治水工作，其所在区域共同的上级人民政府应当建立联合防治协调机制，统筹协调本区域内同一流域与治水有关的规划、功能区划、重大工程和监测监控设施的建设运行等。跨行政区域流域的治水措施，有关人民政府经协商不能达成一致意见的，其共同的上级人民政府应当及时协调解决。”①

针对同一流域上下游、左右岸河道整治力度不一，保洁质量差异较大，对交界河道的污染违法行为联动执法比较困难等问题，建立县（市、区）之间、镇乡（街道）之间的跨行政区域河道共治共管机制。无论是同一流域不同行政区域的水环境治理，还是跨区域的水环境治理，都应建立联动机制。

（1）建立区域联动执法工作机制

本着“着眼大局，合力治污”原则，积极探索创新执法治理新模式，建立行政区域交界地域水环境联治联席工作机制。在跨行政区域之间建立以统筹部署推进工作、信息通报与资源共享、联合执法和相互监督、快速应对突发事故、有效化解矛盾纠纷为主要内容的行政区域交界地域水环境联治联席工作机制，形成上下游区域联防联治、共治共管新格局，改变单一部门、单一执法监管的状况，转向跨部门、跨地区的协同监管与综合执法，使上下游区域“齐心合力”治水，形成统一协调、相互协作、快速高效的联合执法治理新机制。

（2）开展跨行政区域水环境整治专项行动

围绕河道两侧工业点源、农业面源、生活污染等污染源，推进截污纳管、农业重点面源污染整治、“三河”治理、河道保洁、水环境执法等工作，开展同一流域不同行政区域之间水环境整治专项行动，推进所有交接断面附近整体水环境状况取得明显改善，不断提升水质。

（3）建立跨行政区域水环境联治联席工作机制

明确组织机构，建立由县（市、区）相关部门领导、不同行政区域有关领导及相关人员组成的水环境联治联席领导小组，下设办公室或工作组。建立信息互通机制，对不同行政区域水环境监测信息实行定期或不定期互相

① 浙江省人民政府：《浙江省综合治水工作规定》，http://www.zj.gov.cn/art/2015/8/5/art_12455_242607.html。

通报。制定治水工作计划。建立“一河一档”制度,科学制定整治方案,确保不同行政区域水环境整治任务协调一致、及时高效完成。建立专项或综合定期联合执法巡查制度,每月开展联合执法巡查行动。建立定期联席会商制度,每季度对巡查的结果通报事项逐一进行会商研讨。建立督察通报机制,接受上级部门、人大、政协、新闻媒体及社会各界人士的监督,开展跨界交叉督察,及时通报并加以整改。建立奖惩制度,双方可共同出资建立奖惩基金,实施互相奖惩,进一步调动治水管水积极性。

3.“河长制”

为全面整治河道水环境,浙江省在全省范围内全面实施“河长制”,作为治水工作的有力抓手,落实治水责任人,明确治水工作目标、任务、措施,强化督促检查,确保取得治水实效。浙江省共有八大主要江河,河道总长13.8万千米。2013年11月,浙江省政府常务会议决定全面推行“河长制”,由省、市、县、乡、村各级各部门领导分流域或分河段担任河长。跨市的6条主要江河由6名省领导担任河长,所在河段的市、县、乡、村各级领导分别担任相应河段的河长。省一级设立了“河长制”领导小组,其办公室设在省环保厅,由省环保厅厅长担任办公室主任。各市、县也相应设立了“河长制”领导小组及其办公室。各级河长分流域、分河段负责河道水环境的综合治理、协调分工、排查问题、落实项目、领导督办、严格考核。

“河长制”是一种跨部门协同的责任机制,它在当前“官僚制”不足和“官僚制”过盛并存[①]的现实状况下应运而生,体现在以权威为特征的纵向等级制协同推进的跨部门协作的主导模式。它强调权力的高度集中和统一,既体现了对权威的高度依赖,又使信息纵向流动。“河长治河”在本质上体现了一种流域水环境资源整合的方案。在“河长治河”模式中,“河长”是地方党政主要负责人,能对水污染治理中相关职能部门的资源进行整合,并有效缓解政府各个职能部门之间的利益之争,实现集中管理,使流域范围内水环境得到明显的改善。这种制度设计可以把各级政府的执行权力最大限度地整合,通过对各级政府力量的协调分配,对流域水环境各个层面进行有力管理,有效降低分散管理布局所产生的管理成本和难度,有力协调和整合涉及流域水资源管理的多个部门的资源,并按照流域水资源自然生态规律实行

① 周志忍、蒋敏娟:《中国政府跨部门协同机制探析》,《公共行政评论》2013年第1期。

统一协调管理，提高管理效率。

在横向协作层面上，“河长制”搭建起区域内不同主体之间的互动“桥梁”。实行“河长制”之前，对于河流水污染的治理和管理，沿岸的企业、居民以及环保部门都无法确定谁来管和听谁管的问题；“河长制”确立以后，河长对本河流的治理最具发言权，其下达的任务指标对整个流域都有作用。这就避免了以前多部门管理无人沟通、多地方政府共同管理无人协调的问题。“河长制”的确立，有利于解决责任交叉、推诿扯皮的问题，实现专人专职，河长既是管理者也是责任人，有利于政府间的横向协同合作。在纵向协同层面上，“河长制”分派给了河长明确的任务，其任务的完成需要综合多方力量。跨流域的“河长制”有明确的组织机构，设立了地级市、县（市、区）和乡镇三级管理的模式，其工作人员由这三级的领导小组和领导小组办公室组成。其机制本身所体现出的就是一个纵向的、上下联动的机制。上至省级部门、下至乡镇领导，流域治理信息可以迅速有效地在各部门之间传递。一旦出现紧急情况，河长可以迅速做出反应，并向上级领导汇报，从而在第一时间处理流域水污染问题。

二、“五水共治”运行保障机制

“五水共治”是民生工程，是百年工程。浙江省各级政府积极投入“五水共治”行动，建立工程稳定运行、治理效果可持续的保障机制。

1. 建立水资源管理机制和实施方案

由于治水信息的不足与不对称、公共决策的局限性等原因，政府失灵的风险。因此，在“五水共治”过程中要加强运行保障机制的创新。第一，优化治水规划。“五水共治”是水的自然循环和社会循环的一个复杂的系统工程，而且各水之间相互关联、转换，要从系统论的角度来构建“五水共治”的顶层设计，同时一定要根据某个区域的特点和实际情况，因地制宜，因时制宜，循序渐进。“五水共治”不能一哄而起，不能搞“大跃进式”的治水。第二，明确政府治水职责。政府治水的首要职责是提供治水的公共物品，例如治污工程、防洪工程、排涝工程、供水工程、节水工程等；政府治水的另一重要职责是提供治水制度，保障治水绩效。第三，科学评价政府的治水绩效。建立治水的事前评价制度、事中和事后评价制度。水资源作为一种自然资源和环境资源，需要建立约束性的指标体系，目前国家出台的是“三条红线”:一是取水总量控制,二是排污总量控制,三是水资源效率控制。守住“三条红线”就是遵循自然发展规律。坚守住这“三条红线”,可以保障各经济主体公平追求经济效益的最大化。[①] 各区域政府应积极探索建立统一规划、分工负责的水资源管理机制和实施方案,统筹治水职能,提高协作水平,发挥综合效益,打好“组合拳”。

2. 建立财政资金和信贷保障机制

浙江省各地市“五水共治”各类工程的资金来源较为单一,主要为省地财政的专项支持、银行贷款和社会捐款。这些渠道提供的资金量与各地市计划推进的各类项目所需的资金仍有较大差距。为进一步挖掘资金潜能,在保证财政支持、银行专项贷款的基础上拓展其他专项的融资途径,浙江各地已经发行债权权益产品、私募债等“五水共治”募资产品,对“五水共治”资金募集进行了有益探索,有效保障了“五水共治”工程的稳步推进。

3. 发挥市场机制作用,发展节水经济

“抓节水”坚持“节”字为先,发挥政府宏观调控作用和市场机制作用,应用节水新技术、新产品,推进污水再利用,全面推行阶梯性水价政策,用市场力量调节各市场主体的经济行为,高效利用水资源,全面推进节水型社会建设。树立“节水即减污”理念,严格执行水资源开发利用控制、用水效率控制和水功能区限制纳污。因水制宜,量水而行,倡导发展低水经济、清洁生产、绿色生产,减少污水排放,提高用水效率,促进产业转型升级。[②]

4. 发挥水利专家和技术人员的治水作用

治水是系统工程,也是一项对专业性、技术性要求很高的工程。“五水共治”需要充分发挥专业人才和技术人员的作用,充分动员省内的科研院所为治水提供长期稳定的技术和人才支持。例如,浙江省安吉县围绕“五水共治”,邀请专家担任“治水专家”,分别与重点企业结对,通过项目研究、学术交流、课题指导、顶岗锻炼等形式,重点在污水治理、防洪排涝、供水节水等方面开展指导,提升治水能力。

---

① 沈满洪:《“五水共治”的体制、机制、制度创新》,《嘉兴学院院报》2015 年第 1 期。

② 程晖:《“五水共治”治理机制与方式探索——以台州为例》,《产业与科技论坛》2015 年第 5 期。

5. 建立治水信息实时共享机制与平台

“五水共治”以“水”为核心，五个方面的治理工作息息相关、密不可分，需要统筹协调、协同解决。治水工作既要靠人力、财力、物力投入，更需要依托信息化管理手段。为此，浙江省专门建立“五水共治”信息平台，利用现代地理信息、云计算、物联网、全景等先进技术，集成整合环保、水利、城建、农村、农业等部门的各类信息资源，对治水项目进行全过程管理和监督。平台依据“五水共治”指挥管理一张图、一张网、一个平台、一个指挥中心，实现了省、市、县（市、区）分级管理。整合现有各种基础数据、河道数据、建设项目数据等，为各类用户提供了多维度的信息展示和管理手段，形成横向到边、纵向到底的信息综合汇展平台，达到省、市、县“五水共治”指挥管理一盘棋的效果。

6. 建立治水项目工程质量和资金使用的监督管理机制

随着政府投资项目资金来源由以政府投资为主的单一渠道向多渠道、多元化发展，对政府投资项目的监管也呈现多主体、多层次格局。监察、发改委、审计、财政等综合职能部门以及水利、教育、交通、住建、卫生等主管部门都具有监管职责；同时，从中央到省、市、县（市、区）的各级有关部门也在开展不同形式的监管。“五水共治”过程中，对治水项目的质量和资金使用情况需要加强监督和管理。要发挥项目监管作用，形成完善有效的监管体系，健全治水项目投资管理制约机制。明确规定对投资中介机构的选择、使用、监督、管理及责任划分，建立投资中介机构和专家的责任约束机制和惩戒机制，确保项目投资得到控制。改进政府投资项目实施方式。完善政府投资项目代建制、总承包以及特许经营等模式，实行建设、管理、使用分离，明确政府投资主管部门和项目主管部门、项目使用单位和代建人各方职责，从制度上保障健康发展。建立政府投资项目全过程监理制，明确政府投资各个环节监督管理的目标和责任，明确投资主管部门、财政、监察、审计等部门的监管职责和关系，防止职能交叉、监管缺位，实现对政府投资运行的全过程监督。加强对重点环节的监督管理。抓好项目设计，规范招投标活动；加强资金管理，提高投资项目预算编制的规范性。抓好竣工验收和项目后评价。加大财政、审计部门对项目资金使用情况的监督检查，防止项目资金的不当使用和贪腐。

三、治水基础设施维护管理和有效运行机制

“五水共治”需要加快治水基础设施建设、维护和管理,将污水处理基础设施建设摆在突出位置,打好源头治理的硬件基础,加强污水处理设施建设,加快配套管网铺设进度,加大截污纳管力度,密织截污网络,最大限度发挥污水处理厂效益。

1.加强污水处理设施运作管护

对城镇污水收集管网设施,创新运营和维护管理模式,将运营管理权限推向市场,通过政府向市场购买服务来降低维护成本。制定农村污水治理设施运维管理办理,明确责任和实施主体、资金来源及分配、管理规范与考核等,确保相关治污设施长期有效使用。

2.加强排水监管

加强排水户的入网监管,加大联合行政执法力度,对具备纳管条件但拒不纳管的排水户和各种乱排污堵塞管网行为依法进行处罚。

3.加强统筹协调

加强对治水后续工作的研究,解决餐饮业油脂处置、畜禽养殖排泄物治理、河道清淤淤泥处置消纳等后续工作中的突出问题,巩固治理成效。

4.严格落实长效机制

加大对“河长”的考核力度,促使每条河道真正有人管、管得好。建设“河长制”信息化系统,将其打造成强化实时监控、动态管理、信息共享和公众参与的有效平台,推进河长“智能化”建设。建立健全河道长效保洁机制,加强巡查督查,强化日常监管,确保河道管理真正有人抓、有人管。

四、“五水共治”奖励惩戒机制

完善“五水共治”的考核惩戒机制,鼓励发展环境友好型产业,及时淘汰落后产能,对治理水污染成效好的地区和单位给予奖励。

1.扶持治污产业发展,支持治污设施建设

利用经济手段进行转型升级,淘汰落后产能。扶持节水治污装备制造业快速发展,鼓励企业规模化生产专用节水治污装备和材料。支持拥有核心技术、规范化服务的节能服务公司与第三方环境治理公司整合资源,规模化推进节水治污技术改造。支持治水技术研究开发推广。在“五水共治”过

程中,需要依托具有专业技术和研究能力的科研团队,组建科研中心,发挥科技的重大作用,以科技创新破解治水难题。

2.建立跨行政区域河流交接断面水质考核和相关激励制度

2013年10月,浙江省政府下发了《浙江省跨行政区域河流交接断面水质保护管理考核办法》(简称《考核办法》),这是"五水共治"中一项重要的激励制度。《考核办法》明确规定,交接断面水质考核结果作为市、县(市、区)政府领导班子和领导干部综合考核评价、建设项目环境影响评价和水资源论证审批、安排生态环保财政转移支付资金的重要依据。交接断面水质考核结果与建设项目环境影响评价、水资源论证审批相挂钩。河流出境断面的某项污染物指标为不合格的市、县(市、区),从下一年度开始,该市、县(市、区)直接影响交接断面水质相关区域内排放该项污染物的建设项目环境影响评价文件、水资源论证文件,分别由相邻各方的共同上一级环境保护行政主管部门、水行政主管部门审批。各级环境保护行政主管部门、水行政主管部门停止审批、核准在该市、县(市、区)相关区域内增加排放该项污染物的建设项目和新的大宗取水项目,停止设置新的入河排污口。通过污染治理等措施,出境水质达到合格要求时,所在地市、县(市、区)政府可以向省环境保护行政主管部门、水行政主管部门申报解除上述限批措施。同时,交接断面水质考核结果与经济奖励处罚相挂钩,依据各市、县(市、区)考核年度交接断面水质改善或下降的程度进行奖罚。年度考核结果在合格以上的,根据出境断面最差水质指标与上年相比的改善幅度(扣除上游来水影响)分别进行奖励;考核结果不合格的,根据出境断面最差水质指标与上年相比的恶化幅度(扣除上游来水影响)分别给予处罚。

3.监督治水工作的相关责任主体

加大对治水项目违规操作的处罚力度。制定投资责任追究可操作性法规,结合政府投资管理的特点,明确责任追究主体、追究范围、追究程序等具体内容,加大对政府投资违规违纪行为的惩处力度,增强责任意识,切实做到有权必有责、用权受监督、侵权需赔偿、违法要追究。及时披露涉及政府投资的问题,鼓励社会公众和新闻媒体参与监督,确保政府投资责任追究制度落到实处。加强治水项目稽查工作对规范治水项目审批程序、提高投资主体管理水平的重要作用,对稽查中发现的违规违纪问题,及时移送纪检监察机关处理,责令项目单位进行整改或通报相关管理部门予以处罚。及时向社会公布稽查结果和处罚结果,坚决遏制项目参与方不良行为的发生。

第三节 多主体参与“五水共治”行动

政府、企业、社会组织在“五水共治”中发挥着互为补充、互相促进、不可替代的重要作用,形成了以政府为主体的“五水共治”行政管理制度、以企业为主体的“五水共治”市场制度、以社会组织为主体的“五水共治”公众参与制度,发挥政府、市场、社会公众共同推动“五水共治”的强大合力与动力,以及新闻媒体的舆论监督作用。

一、“五水共治”责任主体

“五水共治”是一项系统建设工程,在治水的具体实践中,设区的市、县(市、区)人民政府是本行政区域治水工作的责任主体。政府担当“五水共治”的主导作用,作为治水公共事务的管理者,政府的重点工作是提供制度供给以及保障制度的有效实施。

1.提供治水的公共物品

由于公共物品的非竞争性和非排他性,市场不可能足额提供公共物品,因此,政府的基本职能之一便是提供公共物品。在“五水共治”中,政府要提供治污工程、防洪工程、排涝工程、供水工程和节水工程等治水工程,政府以尽可能少的投入取得尽可能大的治水绩效。

2.提供制度并保障制度有效实施

政府作为治水行动的组织者和管理者,要为社会提供治水的公共制度,要建立完善的供水资源管理、水环境管理、水安全管理等制度,以制度引导、约束和激励市场主体。

政府为社会提供的治水公共制度包括:治水的法律、法规、规章等正式制度;治水理念、治水文化、治水舆论等非正式制度;污水偷排举报机制、违法取水惩处机制等实施机制。从制度内容来看,“五水共治”需要管制性制度、经济性制度和引导性制度并举。第一,治水管制性制度,主要包括:空间管制制度,例如对水源区和防洪区的禁止或限制准入;总量控制制度,严格控制取水总量和排污总量;标准控制制度,严格确定水资源效率标准和水环境排污标准。空间、总量和标准的管控,可以有效倒逼产业转型升级。管制性制度具有立竿见影的效果,有利于解决水环境危机。第二,治水经济性制度,主要包括:水资源有偿使用和生态补偿制度、水环境污染税和水环境损害赔偿制度、水权有偿使用和交易制度、水污染权有偿使用和交易制度。环境财税制度和环境产权制度可以激励企业将有限的自然资源和环境资源配置到最高效的地方。在让市场机制在资源配置中发挥决定性作用的背景下,经济性制度的重要性日益凸显,将在治水行动中成为制度的主体部分。第三,治水引导性制度,主要包括:培育人水共处、人水和谐的世界观,养成以水定人、以水定产的生态优先理念,培育水资源稀缺论、水环境资源论等价值观。引导性制度是一种辅助性制度,但它是不可或缺的。治水制度的供给和实施,要充分考虑不同制度之间的相互关系。对于具有替代性的制度要优化选择,对于互补性的制度要耦合使用,从而加强制度实施的绩效。要以系统论的观点审视治水制度体系的建设。

3. 向公众提供水信息

政府作为治水公共事务的代理者应该对委托人负责,并接受委托人的监督。水资源信息、水环境信息、水安全信息是不对称的,政府具有信息优势,社会公众具有信息劣势。政府治水要接受公众监督,必须把水信息披露给社会公众。

4. 动员并接纳社会公众参与治水行动

政府是治水行动的组织者,有动员和组织社会公众积极参与治水的责任,要动员和组织专家、社会公众参与治水工程的论证、治水制度的制定、治水政策的完善。只有专家和社会公众广泛参与,治水行动才能取得实际成效。

5. 接受社会公众的治水评价和治水监督

政府主导的治水不仅需要有政府自身的事先评价机制、事中评价机制和事后评价机制,而且需要有第三方评价机制,尤其是社会公众的治水绩效评价。社会公众评价有利于治水绩效的提高,有利于政府解决治水工作存在的问题。

二、“五水共治”行动主体

从水环境的污染源来看,企业是主要的污染物排放者。在没有外部监管约束的情况下,企业受利润的驱动,为了节省成本,往往会做出污染环境的外部不经济行为。因此,需要政府对企业进行有效的环境管理,需要社会组织对企业实施有效的环境监督。同时,企业又是“五水共治”的行动主体,应主动与政府和社会组织合作,积极履行环境责任,自觉承担治理水污染的义务,在生产、销售等行为中充分考虑对环境的影响,考虑对公众安全、健康、幸福的影响。以“五水共治”为契机,实施清洁生产、节约生产,实现企业发展的转型升级,放弃粗放式、资源消耗型、产品附加值低的产品生产,提高产品技术含量,追求绿色的品牌生产。社会组织应支持并监督企业参与“五水共治”的行动,社会组织的每个成员要通过绿色消费行动,推动企业“绿色”生产、“循环”经营,有效抵制企业污染环境、浪费资源、破坏生态的生产经营行为。

三、“五水共治”监督主体

媒体是信息传播、舆论监督的重要载体,在“五水共治”行动中媒体发挥着重要的舆论监督作用。浙江省内多家新闻媒体对此进行了积极探索和实践,通过发挥广播、电视、报纸、网络全媒体多渠道优势,对“五水共治”的新举措和新成效,深入挖掘先进典型和成功经验,发挥舆论监督职能,促使相关问题整改落实,形成良好的舆论氛围。比如,浙江卫视对环境污染行为和违法占地、乱搭乱建行为进行跟踪报道,直接推进“五水共治”的深入开展;绍兴市广播电视台精心策划,全面开展“五水共治、重构重建”报道活动,营造全力治水氛围。同时,在推进全省“三改一拆”、城市治堵等工作中,各级新闻媒体充分发挥舆论监督作用,推进各项工作的顺利开展;对部分进展缓慢的政府工作进行舆论监督,引起社会公众的关注和有关部门的重视;通过舆论热点寻找、大型新闻活动、微博、微信、论坛、线下暗访、视频记录等方式,曝光“五水共治”过程中存在的问题,为政府治水提供第一手资讯。

四、“五水共治”参与主体

公众和社会组织是“五水共治”的参与主体。政府借助社会组织的力量，充分发挥社会组织的参与作用，让“五水共治”成为社会组织的自觉行动，使其主动担当推进“五水共治”、共建美化家园的使命。

在“五水共治”过程中，政府构建全方位的公众治水参与平台包括宣传平台、监督平台、参与平台等，为公众广泛参与治水创造便利条件。加大宣传综合治水行动的力度，使公众充分认识到“五水共治”与自身健康、生活质量息息相关，自觉抵制乱排、乱倒生活垃圾和污水的行为。健全信息传导机制、公众反馈机制和社会监督机制，通过开发推广治水 APP、微信公众号等信息化手段，加强治水资讯发布，保证治水信息完备和获取信息渠道通畅。组建治水队、护水队、志愿者队伍，把畜禽禁养限养、垃圾分类处理、河塘保洁等纳入村规民约，把治水监督的部分工作外包委托给社会组织，形成共治、共建、共管、共享的社会氛围。

社会组织参与“五水共治”既有利于实现自身内生式发展，也有利于促进政府与社会组织治水的有效合作。政府与社会组织建立协商机制，建立沟通和反馈机制，建立对治水项目的监管机制和风险管理机制，推动“五水共治”合作可持续发展。“五水共治”是一项复杂的系统工程，需要共建，也需要共享。在制度建设、项目实施、建设监督等方面政府与社会组织均可以采用共建共享的方式，形成政府主导、社会组织参与的多元投入机制。在监管工作的组织体系中，建立监督员制度，设立“五水共治”监督员，实现“五水共治”监管全域覆盖。

第四节　“五水共治”的实际成效

一、“五水共治”取得的主要成效

2014 年“五水共治”工作在浙江省全面展开，综合治水的思路与目标清晰，全省各地争分夺秒推进，全力以赴落实，坚持统筹兼顾，把握轻重缓急，分步实施，按照治污先行、重点突破的要求，整治黑河、臭河、垃圾河，加快实现城镇截污纳管和农村污水治理、生活垃圾集中处理基本覆盖，狠抓工业转型和农业转型，总体上取得了明显成效。

1.“五水共治”开局良好,声势大

2013年12月,在浙江省经济工作会议上省委、省政府做出“五水共治”部署之后,全省各地迅速行动,措施有力有效,工作真抓真干,起步快,开局好。省农办、省环保厅、省建设厅、省水利厅等“五水共治”牵头部门主动担当、尽心履职,合力推进“五水共治”。金华市委、市政府治水决心坚定、治水目标明确,2014年基本消灭了黑臭河,2015年基本消灭了劣Ⅴ类水,2016年河流基本可以游泳;杭州市提出“要让广大居民喝得上更干净的水、找得到更多可游泳的河、行走在更多无积水的路上”;宁波市提出建成现代化的亲水宜居之城;温州市提出全面推进“美丽浙南水乡”建设;绍兴市、台州市、丽水市等都有一系列符合自己本地实际的“五水共治”目标。

2.措施得力,多措并举推进治水工作

为加大水污染防治工作力度,浙江省政府印发了《浙江省综合治水工作规定》《关于切实加强城镇污水处理工作的通知》,包括强化污水处理厂主体责任、加快污泥处理设施建设、加强污泥环境风险防范、建立污泥管理台账和转移联单制度、规范污泥运输、实施信息公开等内容。省委、省政府办公厅联合印发《关于进一步落实“河长制”完善“清三河”长效机制的若干意见》,明确各级河长是包干河道的第一责任人,要切实履行管、治、保“三位一体”职责;严格执行河长巡查制度,市级、县级、乡级、村级河长巡查分别不少于每月、每半月、每旬、每周1次;治理任务较重的河道要设置河道警长。河长制落实情况纳入政府“五水共治”工作年度考核,河长履职情况考核结果作为党政领导干部综合考核评价的重要依据。有6名省领导分别担任钱塘江、京杭大运河等6条跨行政区水系干流河段的省级河长,11个设区市共有189名市级河长、2344名县级河长。全省各地各部门全面落实河长制,加强源头治理,形成了全社会治水合力,推动了治水工作常态化、长效化。

3.目标具体,抓落实,重行动

围绕省委、省政府确定的“五水共治”目标,各市、县(市、区)都确定了具体目标任务,制定了专门行动计划。省政府明确以“十百千万治水大行动”为载体深入推进“五水共治”。“十”就是“十枢”,全省共排出10多个蓄水调水排水骨干型枢纽工程,现已全部开工建设;“百”就是“百固”,全省每年除险加固100座水库,加固500千米海塘河堤;“千”就是“千治”,全省每年高质量高标准治理1000千米黑河、臭河、垃圾河,整治疏浚2000千米河道。

"万"就是"万通",全省每年清疏1万千米给排水管道,增加100万米³/时的入海强排能力,增加10万米³/时的城市内涝应急强排能力,每年农村污水治理新增100万户以上的受益农户。目前,"十百千万治水大行动"都已落实为具体的项目,落实到具体的市、县(市、区)、乡、村、户。

4."治污水"成效显著

"清三河"、河道清淤、截污纳管这三项工作是"治污水"的重中之重,浙江省在这三项工作上取得了显著成效:2014年全面完成了6495.6千米垃圾河清理;2015年,全省累计完成黑臭河治理验收5058.2千米。通过治污水,城乡环境得到很大改观。通过治水倒逼工业转型升级,呈现出水资源利用率提高和工业对水环境的源头性污染明显削减的状况。通过全面治理农村生活污水,倒逼农村生产方式、生活方式、建设方式转型升级,推进美丽乡村建设。

根据浙江省治水办发布的数据,列入2016年度削减劣Ⅴ类水质断面任务的6个断面,全部已达到Ⅴ类或优于Ⅴ类,并完成河道综合整治1776.9千米,完工率为88.8%。全省全面开展规模养殖场整治,已经完成养殖场整治1328个,完成率99.7%,有效杜绝源头污染。在河道清淤方面,2016年浙江省开展了覆盖全省范围的调查摸底,基本摸清淤泥底数,建立了省、市、县(市、区)三级数据库,实行动态管理。截至2016年6月底,全省已清淤8008万米³,完成年度任务的近79.3%。在截污纳管方面,2016年上半年全省加快推进城镇污水厂设施建设、提标改造和农村污水治理,推行第三方运营。截至2016年6月底,已建成污水管网1735.9千米,完成年度任务的86.8%;31个城镇污水厂提标改造项目已经开工,20个项目基本建成;2016年计划完成的4173个建制村农村生活污水治理项目前期工作均已完成,累计已接入和正在接入农户数50余万户,占年度计划应受益农户数的58.6%。①

与此同时,"防洪水、排涝水、保供水、抓节水"统筹推进。防洪水方面,以问题为导向,重点实施"五原扩排""六江固堤""千塘加固"三类防洪水工程建设,进一步完善"上蓄、中防、下排"的防洪排涝工程体系,提高了流域、

① 江帆:《浙江"五水共治"交出半年"考卷" 总体取得明显成效》,http://www.zj.xinhuanet.com/zjnews/20160723/3304141_c.html。

区域的整体防洪排涝能力。排涝水方面，大力推进圩区整治工程建设，配套实施圩堤加固、水闸和泵站更新改造，进一步提高低洼易涝区的防洪排涝能力。2016年全省完成病险水库除险加固100座，山塘整治400座，圩区整治面积30万亩。保供水方面，围绕全省经济社会发展和重大战略布局，合理开发、调配水资源，重点推进“八大引调”“十库蓄水”“双百万节水灌溉”等三类保供水工程建设，进一步提高城乡供水安全和农业灌溉保障水平。同时，积极推进上游源头的清洁水源涵养和生态水量调控，努力通过提高枯水期河道流量提升水生态、水环境、水景观。抓节水方面，贯彻落实《浙江省人民政府关于实行最严格水资源管理制度全面推进节水型社会建设的意见》，强化节水管理制度执行，持续推进节水基础性工作，启动第二批20个县（市、区）的节水型社会建设。

在推进“五水共治”过程中浙江省形成了健全有力的组织领导机制，分工负责，责任明确，推进治水的每一个任务、每一项指标、每一个项目都有具体的负责主体、实施主体。建立健全的省、市、县（市、区）、乡镇四级“河长制”，更确保了每一条河、每个河段的治水责任落到实处。严格的水环境监管机制、生态补偿与奖惩制度、奖惩分明的考核机制等都有力保障了“五水共治”的顺利推进。企业和社会公众积极支持参与“五水共治”行动，形成了“人人关心治水，人人参与治水”的浓厚氛围。“五水共治”工程深得民心民意，全省上下对做好“五水共治”工程充满信心，官民同心同力，企业、社会团体和人民群众积极参与，热情高涨。

二、深入推进“五水共治”

推进“五水共治”建设，保证“五水共治”目标任务的顺利完成，不仅要强化组织领导，落实有效措施，抓好源头治理、河道清淤、截污纳管、督查考核，落实“河长制”，而且要创新管理制度，加强战略规划引领，完善法制保障，严格治水执法。

1.强化组织领导

各地要按照省委、省政府的决策部署，把“五水治水”工作作为经济社会中心工作来抓，切实加强组织领导，落实责任，完善措施，抓好落实。发挥各级人大、政协和新闻媒体的监督作用，推进“五水共治”各项工作的深入开展。细化分解“五水治水”年度实施计划，制定项目表、时间表和责任表，把

"五水共治"目标任务和完成情况作为评价各级政府部门业绩的重要内容。

2.强化系统治水理念,提升治水效果的整体性

治水是一项复杂的系统工程,要做到水中与岸上协同、流域与区域统筹、城市与农村兼顾、开源与节流并重,加强规划和实施层面的协调,流域上下游、左右岸要弘扬协作治水精神,从流域全局出发,相互支持,实现共赢。要强化以流域为单元的系统治理,以规划为依托,统筹安排项目实施,推行流域系统治理、集中连片推进,确保治理后污染不反弹。

3.制定可持续的治水战略规划,建设水生态优良省

水污染治理包括源头控制和污染治理两个方面。源头上污染的治理可以通过政府执行强制力等积极措施实现,但由于河湖本身是一个复杂的生态系统,污染物进入这一系统后,其所经过的迁移转化过程很长,影响因素多,短期治理并不一定能够达到理想的预期成效,或者是表面上初期问题得到了解决,很可能一段时间后又会重现甚至反复,所以具体成效如何还是要等待时间的检验。即使在外源污染物得到控制的情况下,沉积物中存储的污染物也会在很长一段时间内成为河湖生态系统内部的污染源,在外部扰动的情况下释放到上覆水进而影响水生态健康。除此之外,河湖生态系统的组成是复杂的,单一的水污染治理只是水生态恢复的必要条件而非充分条件。"五水共治"可以显著地解决目前存在的河湖水污染问题,但要将浙江建设成为生态文明省,将水环境改善和水生态提高持续进行下去,真正将污染河流恢复为生态健康型河流,需要基于目前的"五水共治"策略制定更加长远的规划,真正将"青山绿水"工程变成一种长效机制。只有建立了长效机制,真正的"青山绿水"才能保持下去,而不是昙花一现。

4.构建多方参与水环境治理机制

水环境质量的提升需要多方参与、多管齐下,仅仅依靠目前的"河长制"短期内可能有效,但是并非长久之计,浙江省很多政府官员纷纷加入河长的名单中、形成榜样的力量这自然是好事情,但是如果公民的环保意识没有提高,没有社会公众的参与,那么,"河长制"难以真正落地生根。水环境质量的提升事关千家万户,是社会和谐稳定的重要因素。要提升浙江省水环境质量,应该构建起以政府为主导的社会各方参与机制,通过信息化手段在网络、手机等平台宣传提升水环境质量的重要性,提高社会各方对改善水环境质量的意识;广泛发动群众,建立公开透明的举报和处罚制度,构建企业偷

排污水、垃圾乱放等行为的社会监督和处罚机制。

5.采用多种措施,提升水环境质量

提升浙江省水环境质量,需要树立科技主导的治理和提升观念。保证浙江省水环境质量的进一步提升,需要深入研究浙江省水环境质量的现状,总结浙江省水环境质量存在的问题和变化规律,充分发动高校和科研院所等社会力量,运用科技手段,通过提高生产工艺、优化产业结构、发展绿色能源等手段减少企业污染的威胁,通过垃圾分类处理、建设绿色农村、集约化养殖等手段减少分散性污染源的危害,通过构建河流湿地、修复河流岸边带、提高河流自净能力等手段提升河流、湿地等水环境主体的质量。

6.构建治水制度标准,以制度标准提升治水效果

为了缓解水污染态势,提高水环境质量,我国以相关国家的标准为主要参考,制定了水污染排放等相关标准。调查数据显示,这些标准与目前我国实际水处理技术和污水排放情况不是十分匹配,所以我国应该建立符合自己排放情况的“水污染排放标准”。在开展“五水共治”的同时,浙江省可以在全国率先推行“协定标准”,打破人们对标准确定性、强制性的传统认识。政府可以充分利用“排污权交易”对污染排放进行定价,进而对由于社会经济发展水平不同造成的有差别协议标准进行补偿和激励。一旦这种由企业和社会各界共同认可和制定的协议标准出台,就可以进一步明晰政府、排污企业与污水处理单位的角色和定位,调动排污企业和污水处理单位的积极性和能动性,对于构建水生态文明建设、促进企业产业升级和创新会起到重要推动作用。

7.完善治水法制保障,依法查处水环境违法行为保持执法高压

完善与“水”相关的法律法规,健全治水法律制度,是确保“五水共治”顺利进行的法制保障。目前,我国关于水污染防治的法律制度涉及《环境保护法》《水法》《水污染防治法》《固体废物污染环境防治法》等多部法律法规。根据这些法律法规规定,环保、水利、农(渔)业、国土、林业等部门都具有水污染防治和管理的法定职能,并按照各自的规划、标准对保护水的某些功能进行各自分散的水污染防治和管理行动。“五水共治”作为一项系统工程,要求各部门既要严格履行各自的管理职责,又要紧密配合,防止部门之间互相推脱责任和出现管理上的不协调,所以根据目前“治水”的实际管理情况,可以将各部门的水环境保护的权力、责任和义务具体分配,进一步明晰,写

入浙江地方性法规。要严格执行新修订的《环境保护法》，对环境违法行为保持执法高压态势，打击水资源污染犯罪行为，对造成河流二次污染、重复污染的行为必须依法严惩，必须依法杜绝企业偷排污水、污染物倾倒等行为。

8.严格执行治水考核制度和质量监理制度

各地在对政府相关部门和工作人员进行业绩考核时，要将治水的实际效果作为重要的实际业绩考核内容，将治水成果、存在问题作为领导干部年终考核内容。对治水成效、治水质量建立相应的质量监理制度，结合现有的水利建设管理制度，保证管理不脱节、无空白，保证治水工程和项目能经得起时间的考验，将水环境保护责任细化，加强监理，确保施工、监理、验收都有专人负责管理和负责，并将每一个环节都登记备录在案，有据可查，有责可查。

9.提升水资源价值，从经济上约束用水行为

水资源价值，是水资源使用者为了获得水资源使用权需要支付给水资源所有者一定的货币额。它体现了水资源所有者与使用者之间的经济关系，是水资源有偿使用的具体表现，是对水资源所有者水资源资产付出的一种补偿，是水资源所有权在经济上得以体现的具体结果。对区域内水资源价值进一步合理定价，并收取水资源价值使用费，可以达到遏制水污染和节约水资源使用量的双重目的。实施这一措施的优势在于，将水资源货币化，通过收费的方式将水资源使用、水环境改善、水生态提升与居民和企业联系到一起，从而实现全社会对水资源的管理和水环境的爱护。

10.确保“五水共治”建设资金到位

“五水共治”并非三五年就能完成的工作，“五水共治”工程是需要长期资金投入的工程。政府要根据国家相关资金政策和计划指导，合理确定各级政府“五水共治”的投入资金比例，保证“五水共治”的每个环节都有经费支持；要争取中央专项建设基金、金融政策支持；要充分发挥金融市场机制作用，进一步完善投融资机制，鼓励和引导民间资本更多参与“五水共治”建设工程。

参考文献

一、著作

陈德敏:《环境法原理专论》,北京法律出版社,2008年。

陈加元:《迈向生态文明》,杭州:浙江人民出版社,2013年。

崔浩:《环境保护公众参与理论与实践研究》,北京:中国书籍出版社,2017年。

崔浩:《行政立法公众参与制度研究》,北京:光明日报出版社,2015年。

崔浩:《政府权能场域论》,杭州:浙江大学出版社,2008年。

高俊峰、蒋志刚等:《中国五大淡水湖保护与发展》,北京:科学出版社,2012年。

胡荣涛等:《产业结构与地区利益分析》,北京:经济管理出版社,2001年。

环境保护部环境规划院:《中国环境政策》(第八卷),北京:中国环境科学出版社,2011年。

黄寰:《区际生态补偿论》,北京:中国人民大学出版社,2012年。

黄荣护编:《公共管理》,台北:商鼎文化出版社,1998年。

姬振海主编:《生态文明论》,北京:人民出版社,2007年。

晋海:《城乡环境正义的追求与实现》,北京:中国方正出版社,2008年。

库珀等:《二十一世纪的公共行政:挑战与改革》,王巧玲等译,中国人民大学出版社,2006年。

李红利:《环境困局与科学发展——中国地方政府环境规制研究》,上海:上海人民出版社,2012年。

李文良等:《中国政府职能转变问题报告》,北京:中国发展出版社,2003年。

林尚立:《国内政府间关系》,杭州:浙江人民出版社,1998年。

刘鉴强主编:《中国环境发展报告(2014)》,北京:社会科学文献出版社,2014年。

麦金尼斯主编:《多中心体制与地方公共经济》,毛寿龙、李梅译,上海:上海三联书店,2000年。

全国干部培训教材编审指导委员会:《生态文明建设与可持续发展》,北京:人民出版社,2011年。

世界银行:《2009年世界发展报告:重塑世界经济地理》,北京:清华大学出版社,2009年。

吴卫星:《环境权研究:从法学的视角》,北京:法律出版社,2007年。

吴志功主编:《京津冀雾霾治理一体化研究》,北京:科学出版社,2015年。

习近平:《干在实处 走在前列——推进浙江新发展的思考与实践》,北京:中共中央党校出版社,2006年。

杨宏山:《府际关系论》,北京:中国社会科学出版社,2005年。

余敏江、黄建洪:《生态区域治理中中央与地方府际协调研究》,广州:广东人民出版社,2011年。

张紧跟:《当代中国地方政府间横向关系协调研究》,北京:中国社会科学出版社,2006年。

二、论文

柴发合:《建议成立区域性大气污染管理部门》,《环境》2008年第7期。

陈海嵩:《"五水共治"的长效管理机制探析——战略管理的视角》,《观察与思考》2015年第10期。陈晓春、王小艳:《流域治理主体的共生模式及稳定性分析》,《湖南大学学报(社会科学版)》2013年第1期。

程晖:《"五水共治"的新水经济价值与协同效应研究》,《中国市场》2015年第17期。

崔浩:《建构流域跨界水环境污染协作治理机制》,《学理论》2017年第1期。

崔浩、孙水明:《构建多元利益主体合力参与的生态文明建设机制》,《企业家天地》2012年第8期。

崔浩、张蕾:《跨行政区域协作共建美丽中国的动因、机制构成》,《学理论》2018年第1期。

冯东方、任勇等:《我国生态补偿相关政策评述》,《环境保护》2006年第10A期。

顾益康:《建设美丽浙江,离不开美丽乡村》,《农村工作通讯》2013年第16期。

郭斌:《跨区域环境治理中地方政府合作的交易成本分析》,《西北大学学报(哲学社会科学版)》2015年第1期。

何影:《利益共享:和谐社会的必然要求》,《求实》2010年第5期。

洪大用:《环境公平:环境问题的社会学观点》,《浙江学刊》2001年第4期。

胡锦涛:《坚定不移沿着中国特色社会主义道路前进为 全面建成小康社会而奋斗》,《人民日报》2012年11月9日。

黄溶冰:《府际治理:合作博弈与制度创新》,《经济学动态》2009年第1期。

贾利祥:《跨界突发水环境污染事件防范与应急处理体系建设初探》,《环境与安全》2013年第10期。

郎友兴:《走向共赢的格局:中国环境治理与地方政府跨区域合作》,《中共宁波市委党校学报》2007年第2期。

李培等:《我国城市大气污染控制综合管理对策》,《环境与可持续发展》2011年第5期。

李强:《深化千万工程,打造美丽乡村升级版》,《浙江经济》2014年第23期。

李胜、陈晓春:《基于府际博弈的跨行政区流域水污染治理困境分析》,《中国人口资源与环境》2011年第12期。

李忠魁等:《流域治理效益的环境经济学分析方法》,《中国水土保持科学》2003年第9期。

刘国翰等:《生态文明建设中的社会共治:结构、机制与实现路径——以“绿色浙江”为例》,《中国环境管理》2014年第4期。

刘焕章、张紧跟:《试论新区域主义视野下的区域合作:以珠江三角洲为例》,《珠江经济》2008年第12期。

任敏:《河长制——一个中国政府流域治理跨部门协同的样本研究》,《北京行政学院学报》2015 年第 3 期。

沈满洪:《“五水共治”的体制、机制、制度创新》,《嘉兴学院院报》2015 年第 1 期。

施祖麟、毕亮亮:《我国跨行政区河流域水污染治理管理机制的研究——以江浙边界水污染治理为例》,《中国人口 · 资源与环境》2007 年第 3 期。

唐建国:《共谋效应:跨界流域水污染治理机制的实地研究——以“SJ 边界环保联席会议”为例》,《河海大学学报(哲学社会科学版)》2010 年第 2 期。

王丰年:《论生态补偿的原则和机制》,《自然辩证法研究》2006 年第 1 期。

王立军、卢江海:《“八八战略”:科学发展观在浙江的探索与实践》,《宁波党校学报》2004 年第 6 期。

王祖强:《探索建立“五水共治”的长效机制》,《浙江经济》2014 年第 23 期。

隗斌贤:《推进美丽浙江建设的两点思考——基于社会学视角的分析》,《江南论坛》2014 年第 6 期。

习近平:《生态兴则文明兴——推进生态建设,打造“绿色浙江”》,《求是》2003 年第 13 期。

习近平:《兴起学习贯彻“三个代表”重要思想新高潮 努力开创浙江各项事业新局面》,《今日浙江》2003 年第 14 期。

夏宝龙:《“八八战略”:为浙江现代化建设导航》,《求是》2013 年第 5 期。

夏宝龙:《坚定不移地深入实施“八八战略”推动浙江经济持续健康较快发展》,《政策瞭望》2013 年第 1 期。

徐璞英:《科学发展观与区域发展战略的升华——以浙江“八八战略”为例》,《中共浙江省委党校学报》2004 年第 5 期。

徐震:《把握内涵深入推进绿色、生态、美丽浙江建设》,《环境保护》2013 年第 17 期。

易志斌等:《论流域跨界水污染的府际合作治理机制》,《社会科学》2009

年第3期。

俞奉庆:《实施主体功能区战略 加快生态文明建设》,《浙江经济》2013年第1期。

张紧跟:《从区域行政到区域治理:当代中国经济一体化的发展路向》,《学术研究》2009年第9期。

张俊伟:《浙江省"千村示范万村整治"的成效和经验》,《科学决策》2006年第8期。

周国雄:《公共政策执行阻滞的博弈分析:以环境污染治理为例》,《同济大学学报(社会科学版)》2007年第4期。

周志忍、蒋敏娟:《中国政府跨部门协同机制探析》,《公共行政评论》2013年第1期。

索　　引

后　记

《跨行政区域协作共建美丽中国的浙江样本》一书终于完稿了，拙作是浙江大学马克思主义理论和中国特色社会主义研究与建设工程专项课题研究成果。2014年4月，课题立项名称是“跨行政区域协作共建美丽中国研究——以美丽浙江建设实践为例”。课题立项后，课题组积极行动，根据课题研究内容进行分工，明确研究任务，搜集资料，实地调研，参加有关学术研讨会议，课题研究前期进展十分顺利。然而，天有不测风云，因本人身体健康原因，课题研究被迫拖延了下来，延期两年才提交研究成果。

真诚感谢课题组成员王丹、梁露丹、桑建泉、陈寅瑛、孙水明、谢春萌，他们为本课题研究做出了一定贡献。在课题研究前期，他们尽心尽力，根据其所负责的问题搜集相关资料，一起探讨思考，为课题成果的形成奠定了基础。

真诚感谢浙江大学社会科学院的领导和有关学者。他们眼光独到，视野开阔，立意高远。跨界跨流域环境污染是生态环境保护、建设美丽中国过程中必须认真面对并彻底解决的问题，立项课题旨在研究跨行政区域协作共建美丽中国这一重大现实问题，他们建议课题要关注“五水共治”这一建设美丽浙江的新举措，这一建议十分正确。

在课题研究过程中，我们研读学习了国务院关于生态环境保护的政策法规、政府工作报告、国家环境保护部制定出台的关于跨行政区域生态环境保护的政策规定以及年度环境状况公报、国家统计局的年度国民经济与社会发展报告；参考了浙江省委、省政府制定出台的关于省域内和省际跨行政区域生态环境保护的政策规定以及浙江省环境保护厅（现“浙江省生态环境厅”）的专题环境状况公报。同时，我们参考借鉴了国内外学者对跨行政区域生态环境协作治理问题的有关研究成果，在此一并表示谢意。

本课题是以浙江省跨行政区域生态环境协作治理实践为例进行的初步

探讨，许多问题有待深入研究。本书初稿成稿于2017年年初，书中一些数据资料是在此之前权威部门公开的资料，修改稿对部分数据资料进行了更新。由于本人学识有限，身体健康状况欠佳，精力有限，研究成果中的不足之处在所难免，恳请赐教。

崔　浩

2018年秋于杭州